JN093352

EF58

昭和50年代の情景

昭和59（1984）年3月3日　荷36列車
EF58 112〔関〕（〔米〕より貸渡）＋荷物車・郵便車
東海道本線 興津〜由比

所澤秀樹

創 元 社

昭和59（1984）年8月3日　機関区構内展示　EF58 138〔関〕　EF58 96〔関〕　米原機関区

昭和59（1984）年8月19日　機関区構内展示　EF58 91〔関〕　浜松機関区

目　次

図表

昭和60（1985）年4月28日　機関区構内展示　EF58 36〔関〕　EF58 61〔新〕　米原機関区

昭和59（1984）年8月9日　機関区構内展示　EF58 165〔浜〕　浜松機関区

栄光の急客機

昭和50年代を思い返せば、EF58の面々にとって、それはまさしく"一族崩壊"の時代であった。

特急・急行列車の牽引など、これまで曲がりなりにも第一線での活躍を維持してきたEF58一族であったが、次第に活躍の場を減らしていくことになる。昭和54（1979）年夏の山陽本線における寝台特急仕業からの撤退を皮切りに、昭和55（1980）年10月ダイヤ改正で上越線仕業が大幅に縮小され、昭和59（1984）年春にはついに東海道・山陽本線での定期仕業が消滅した。

たとえが大仰かもしれないが、EF58一族を"驕れる平家"に見立てれば、一ノ谷の戦い、屋島の戦い、壇ノ浦の戦いと続いた"源平合戦"の様相を呈するのが、昭和50年代だったといえる。

図表1（6〜8頁）を見れば、一族の大半が昭和50年代に討ち死にしている。まさしく"驕れる平家は久しからず"である。

ご承知のとおり、EF58は新幹線開業前の東海道本線において、東京〜大阪間を結ぶ「つばめ」「はと」といった我が国を代表する第一線の特急列車を牽くなど、いわば戦後の日本国有鉄道（国鉄）を象徴する旅客列車用直流電気機関車である。昭和30（1955）年前後の日本交通公社発行『日本国有鉄道監修時刻表』の表紙など、各種媒体にEF58のイラストがよく飾られていた。

寝台特急の元祖たる東京〜博多間の夜行特急「あさかぜ」も、その誕生当初は直流電化区間でEF58のお世話となった。中村賀津雄（嘉葎雄）、三國連太郎主演の映画『大いなる驀進』（昭和35〔1960〕年11月公開、東映

東京作品）では、長崎行夜行特急「さくら」を東京〜岡山間で牽引するEF58の若き日の勇姿が随所に見られる。

こうした輝かしい履歴もあって、趣味人はEF58のことを"栄光の急客機"とも呼ぶ。

EF58は、馬力はイマイチだが足は速く、勾配の少ない平坦線で特急・急行といった急ぎの旅客列車を引っぱることには長けていた。これが、50番台の旧型直流電気機関車でありながら、EF60やEF65など60番台新性能直流電気機関車登場後も、しぶとく一部の寝台特急牽引など準主役級の役回りを演じていた所以である。

国有鉄道の運営母体が運輸省鉄道総局時代の昭和21（1946）年を振り出しに、途中、ドッジ・ラインによる中断はあったものの、公共企業体「日本国有鉄道」時代にまたがって12年間という長きにわたり製造され、172両もの仲間を得たEF58。その全盛期には、東海道本線はもちろんのこと、山陽本線や黒磯以南の東北本線上野口、高崎線・上越線に信越本線（海線）といった主要直流電化幹線を、名だたる特急・急行列車を牽いて東奔西走した（EF58の特急牽引は、東海道・山陽本線では昭和38年になくなり、昭和43年10月の東北本線特急「はくつる」の583系電車化で完全に消滅するも、昭和47年10月には山陽本線で「あかつき」「彗星」といった関西〜九州間の寝台特急群牽引に返り咲く）。

凋落のはじまり——昭和53・54年ダイヤ改正

とはいえ、昭和50年代に入ると、さすがに寄る年波には勝てなかったようである。ここで一族の衰退の経

緯を"源平合戦"になぞらえて整理してみよう。

昭和50（1975）年3月10日の新幹線博多開業に伴う全国ダイヤ改正では、当時、EF58の最も華々しい活躍の場であった山陽本線の関西〜九州間寝台特急が大幅減便となる。が、残された寝台特急、鹿児島本線方面の「明星」群、長崎本線方面の「あかつき」群、日豊本線方面の「彗星」群のうち客車列車は、下関以東では引き続きEF58が牽引した。新設の新大阪〜下関間（呉線経由）寝台特急「安芸」や、3往復残置の関西〜九州間夜行急行「阿蘇」「雲仙・西海」「くにさき」も同様であった。

そればかりか、首都圏発着の新設寝台特急、東京〜米子・紀伊勝浦間「いなば・紀伊」、上野〜金沢間（上越線経由）「北陸」、上野〜盛岡間（東北本線経由）「北星」といった面々も、東京口、上野口はEF58の牽引とされた。このころは、まだまだ景気はよかったわけである。

昭和50年3月改正は、EF58一族172両すべてが揃って迎えた最後の全国ダイヤ改正であった。というのも、昭和53（1978）年の3月には阪和線で細々と貨物列車などを牽いていた竜華機関区の21号機と28号機が廃車となり、以降、櫛の歯が欠けるように、一族は仲間を減らしていくのである。その主因は、源氏の追っ手ならぬ、新製電気機関車の台頭による仕業の削減であった。

昭和53年10月2日全国ダイヤ改正では、「北星」の上野口担当がEF65 1000番台となり、宇都宮運転所のEF58の特急仕業が消滅、ならびに米原機関区の特急仕業も消滅（山陽本線の寝台特急仕業がなくなる）するなど

したが、さほど波風は立たなかった。

しかし、昭和54（1979）年7月には宮原機関区と下関運転所にEF65 1000番台が新製配置されて、事は大きく変わる。前にもふれたとおり、関西発着の山陽本線寝台特急の定期列車牽引が、宮原機関区と広島機関区のEF58から、EF65 1000番台に置き換えられた。これは"一ノ谷"に相当しよう。

さらに、である。昭和54年10月1日のダイヤ改正では、残党狩りよろしく、宮原機関区のEF58が担当していた関西〜九州間夜行急行「雲仙・西海」「阿蘇・くにさき」の2往復もEF65 1000番台の牽引となる。この時点で、荷物列車専門と化していた広島機関区のEF58は大幅に両数を減らしており、同じ広島鉄道管理局管内の下関運転所に至っては、臨時用であったEF58の配置自体がなくなる。

各地で追いやられるEF58——昭和55・57年ダイヤ改正

続く昭和55（1980）年10月1日ダイヤ改正は、EF58一族の"屋島"と言っても過言ではなかろう。同改正は、まず新潟鉄道管理局のEF58にとってまことに辛い内容であった。上越線用として長岡運転所に大量のEF64 1000番台が新製配置され、これと引き換えに同所のEF58が全滅したのである（上越線経由の急行「鳥海」「天の川」は、高崎第二機関区のEF58が担当）。

一方、東海道本線でも、それまで奇跡的にEF58の仕事として残っていた寝台特急「出雲3・2号・紀伊」と寝台急行「銀河」が、EF65 1000番台牽引に改められた。結果、宮原機関区のEF58は荷物列車専門となり、浜松機関区と米原機関区のEF58もほぼ同様であった（前者は「ちくま5・4号」の名古屋〜大阪間、後者は「きたぐに」の米原〜大阪間にて定期の急行仕事が存在した）。広島機関区のEF58にしても、臨時列車用としてごく少

数が検査期限まで残るのみ、といった惨状である（同区の荷物列車仕業はEF61が担当）。

長岡運転所のEF58亡き後、高崎線・上越線などで細々と定期仕業をこなしていた高崎第二機関区のEF58も、上越新幹線大宮〜新潟間開業、東北新幹線大宮〜盛岡間本格ダイヤ導入を柱とする昭和57（1982）年11月15日全国ダイヤ改正において、いよいよ引導が渡された。EF64 1000番台のさらなる新製増備で同区のEF58は定期仕業が消滅。臨時列車用として若干数が残されたものの、それらも検査期限が来れば消える運命であった。

この改正では、東北本線の特急・急行列車削減のため、宇都宮運転所のEF58も定期急行仕業は黒磯以南の「八甲田」「津軽」2往復のみと化し、荷物列車の牽引が主な仕事となった。

なお、東海道本線に目を転じれば、「ちくま5・4号」が変じた「ちくま3・4号」の名古屋〜大阪間の牽引が宮原機関区のEF58に変わり、浜松機関区のEF58は急行仕業が消滅した。

トドメの一撃——昭和59年ダイヤ改正

そしてついに、EF58一族の"壇ノ浦"といえる時がやってきた。昭和59（1984）年2月1日の全国ダイヤ改正である。

貨物列車において、ヤード系集結輸送をすべて廃し、拠点間直行輸送に統一した大改革で知られる改正だが、かたや旅客局担当の荷物列車にも大鉈がふるわれる。それは、この改正まで浜松機関区、米原機関区、宮原機関区のEF58と広島機関区のEF61が担ってきた東海道・山陽本線の荷物列車牽引を、全面的に他機に置き換えるというものであった。後釜は、信越本線（山線）の貨物列車大幅削減で大量に余剰車が出たEF62で、下

関運転所に26両を転属させ、一手に担わせる手筈である。

EF58一族は、ついに檜舞台ともいえる東海道・山陽本線を追われる身となった。まさしく"壇ノ浦"である。

今改正後、東海道・山陽本線に残るEF58は、東京機関区3両、宮原機関区3両の都合6両のみ。そのすべてが定期仕業を持たない臨時用である。なお、東京機関区には同改正前、8両のEF58が配置されていたが、定期仕業は品川〜東大宮（操）〜尾久（操）間の回送列車のみで（ただしEF65との共通仕業）、季節列車・臨時列車の牽引が主たる仕事となっていた。

まあ、いずれにしても昭和59年2月改正は、EF58一族にトドメをさしたものであった。ただし、改正後3月末までの約2ヵ月間は、暫定措置として東京機関区、浜松機関区、米原機関区、宮原機関区から状態良好のEF58を都合26両、下関運転所に配置換えのうえ、EF62の仕業を代走させている。趣味人は、これをEF58の同窓会などとちゃかしていた。

なぜ、こうした暫定措置がとられたのか。なぜ今回はEF58の後継機がどうみても場違いな中古の山男（勾配線向け）のEF62となったのか。そして東京機関区に3両、宮原機関区に3両のEF58が、なぜ臨時用としてわざわざ残されたのかは82頁で詳しく説明する。

昭和59年2月改正以降、厳密に言えば同年3月末以降に定期仕業を持つEF58は、黒磯以南の東北本線を主な縄張りとする宇都宮運転所の面々と、阪和線および和歌山〜新宮間の紀勢本線を活躍の場とする竜華機関区の面々のみ。両区所は平家の落人集落のごとき様相を呈したが、それとても安住の地とはいえなかった。

宇都宮運転所のEF58は、東北・上越新幹線上野開業が目玉の昭和60（1985）年3月14日ダイヤ改正で定期仕業を失い、臨時用として残った3両を除いて引退した。一方、竜華機関区のEF58は即時引退こそまぬかれ

たが、その1年後の昭和61（1986）年3月までのはかない命であった。

　かつて東海道・山陽路に君臨したEF58群の忘れ形見ともいえる東京機関区と宮原機関区の残党6両も、ただ1両を除き、宇都宮の仲間と時を同じくして稼動を終えている。

＊

　このように昭和50年代から61年にかけては、名優EF58の衰退期、"一族崩壊"の時代であった。本画集は判官贔屓（ほうがんびいき）も甚だしいが、その時代の哀愁漂う同機の活躍を記録した1冊である。東海道で颯爽と「つばめ」や「はと」を牽き、輝いていた若かりし頃とは違った、いぶし銀の活躍がそこには見てとれるであろう。

　かつて花形として大舞台を縦横無尽に立ち回った機関車が、徐々に活躍の場を奪われていくさまは寂しくもあるが、なればこそその味わいや感慨もある。当時に思いを馳せつつ、存分に堪能していただければ幸いである。

図表1　EF58各号機の新製配置区と廃車時配置区

機番	新製年月日（改装年月日）	製造会社（改装会社）	新製配置区	廃車時配置区〈廃車日〉
1	S22.3.9 (S30.3.7)	日立（東芝）	沼津	浜松〈S59.1.12〉
2	S22.4.16 (S30.3.8)	日立（日立）	沼津	浜松〈S55.2.29〉
3	S22.5.15 (S32.3.4)	日立（日立）	沼津	浜松〈S55.1.17〉
4	S22.6.16 (S30.5.18)	日立（東芝）	沼津	浜松〈S55.9.3〉
5	S22.7.17 (S32.3.29)	日立（日立）	沼津	浜松〈S59.1.6〉
6	S23.1.31 (S31.12.20)	東芝車（東芝）	東京	広島〈S54.9.28〉
7	S23.2.29 (S29.10.6)	東芝車（東芝）	沼津	広島〈S54.8.8〉
8	S21.12.30 (S30.4.20)	三菱電・三菱重（三菱電・新三菱重）	東京	広島〈S55.12.26〉
9	S22.2.28 (S30.9.27)	三菱電・三菱重（日立）	東京	広島〈S54.7.20〉
10	S22.4.22 (S28.3.3)	三菱電・三菱重（東芝）	東京	宇都宮（転）〈S54.12.17〉
11	S23.7.10 (S28.3.3)	三菱電・三菱重（日立）	長岡第二	東京〈S57.12.23〉
12	S23.8.23 (S28.3.26)	三菱電・三菱重（川崎車・川崎重）	沼津	東京〈S59.10.1〉
13	S23.9.7 (S29.10.8)	三菱電・三菱重（川崎車・川崎重）	高崎第二	広島〈S55.12.26〉
14	S23.3.3 (S31.10.15)	東芝車（日立）	沼津	東京〈S59.5.2〉
15	S22.7.11 (S30.7.20)	東芝車（東芝）	沼津	広島〈S54.11.9〉
16	S22.8.5 (S29.3.30)	東芝車（川崎車・川崎重）	東京	広島〈S54.8.8〉
17	S22.9.30 (S31.8.14)	東芝車（東芝）	東京	広島〈S54.9.28〉
18	S22.10.31 (S29.8.8)	東芝車（三菱電・新三菱）	東京	広島〈S54.4.21〉
19	S22.11.30 (S29.8.14)	東芝車（日立）	東京	広島〈S54.4.21〉
20	S21.12.30 (S28.10.27)	東芝車（東芝）	東京	広島〈S54.11.9〉
21	S21.10.30 (S30.9.23)	川崎車・川崎重（川崎車・川崎重）	沼津	竜華〈S53.3.17〉
22	S21.11.30 (S29.11.29)	川崎車・川崎重（日立）	沼津	竜華〈S54.9.20〉
23	S22.2.28 (S30.7.29)	川崎車・川崎重（川崎車・川崎重）	沼津	広島〈S55.3.3〉
24	S22.5.11 (S31.10.15)	川崎車・川崎重（川崎車・川崎重）	沼津	竜華〈S56.6.1〉
25	S23.5.31 (S28.11.26)	川崎車・川崎重（川崎車・川崎重）	東京	浜松〈S55.10.29〉
26	S23.7.30 (S31.8.15)	川崎車・川崎重（日立）	沼津	浜松〈S55.5.1〉
27	S23.10.15 (S31.3.2)	川崎車・川崎重（東芝）	沼津	浜松〈S55.3.25〉
28	S23.6.11 (S28.11.29)	日立（日立）	沼津	竜華〈S53.3.17〉
29	S23.7.23 (S29.3.23)	日立（日立）	沼津	下関（転）〈S54.11.9〉
30	S23.10.21 (S31.4.17)	日立（日立）	高崎第二	下関（転）〈S54.11.9〉
31	S23.5.27 (S29.3.10)	東芝車（東芝）	東京	下関（転）〈S54.10.6〉
35	S27.3.9	東芝	高崎第二	長岡（転）〈S56.6.9〉
36	S27.3.29	東芝	高崎第二	下関（転）〈S61.1.30〉
37	S27.4.19	東芝	高崎第二	下関（転）〈S54.10.6〉
38	S27.4.30	東芝	高崎第二	広島〈S59.1.18〉
39	S27.4.28	東洋・汽車	高崎第二	竜華〈S61.3.31〉
40	S27.10.29	東洋・汽車	高崎第二	竜華〈S54.9.20〉
41	S27.8.2	東芝	高崎第二	竜華〈S55.12.26〉
42	S27.8.25	東芝	長岡第二	竜華〈S61.3.31〉
43	S27.9.9	東芝	長岡第二	竜華〈S54.6.20〉
44	S27.10.7	東芝	長岡第二	竜華〈S61.3.31〉
45	S27.9.17	日立	長岡第二	下関（転）〈S60.9.30〉
46	S27.10.8	日立	長岡第二	宮原〈S58.1.29〉
47	S27.11.21	日立	長岡第二	宮原〈S56.6.1〉
48	S28.3.18	日立	東京	下関（転）〈S59.11.26〉

機番	新製年月日	製造会社	新製配置区	廃車時配置区〈廃車日〉
49	S28.3.28	日立	浜松	東京
50	S28.3.31	日立	沼津	長岡（転）〈S55.6.6〉
51	S28.4.22	日立	沼津	長岡（転）〈S56.9.1〉
52	S28.5.29	日立	浜松	浜松〈S58.4.21〉
53	S28.6.24	日立	東京	宮原〈S56.6.1〉
54	S28.7.13	東芝	東京	宮原〈S58.1.29〉
55	S28.3.11	東芝	浜松	宮原〈S56.6.1〉
56	S28.3.27	東芝	東京	下関（転）〈S60.2.4〉
57	S28.4.9	東芝	沼津	宮原〈S54.9.20〉
58	S28.5.2	東芝	沼津	宇都宮（転）〈S57.2.4〉
59	S28.5.28	東芝	東京	高崎第二〈S57.9.10〉
60	S28.7.30	東芝	浜松	浜松〈S58.5.17〉
61	S28.7.15	日立	東京	尾久（車セ）〈車籍あり〉
62	S28.8.5	東芝	東京	広島〈S58.3.28〉
63	S28.5.29	川崎車・川崎重	東京	広島〈S59.1.18〉
64	S28.6.18	川崎車・川崎重	東京	広島〈S55.12.26〉
65	S28.7.1	川崎車・川崎重	東京	宇都宮（転）〈S55.2.1〉
66	S28.5.26	東洋・汽車	東京	竜華〈S61.3.31〉
67	S28.6.29	東洋・汽車	東京	浜松〈S54.2.29〉
68	S28.7.16	東洋・汽車	東京	東京〈S59.5.2〉
69	S29.7.1	川崎車・川崎重	東京	広島〈S56.2.5〉
70	S29.7.28	川崎車・川崎重	浜松	宇都宮（転）〈S57.2.4〉
71	S29.8.27	川崎車・川崎重	浜松	長岡（転）〈S56.6.9〉
72	S29.9.24	川崎車・川崎重	東京	長岡（転）〈S55.6.6〉
73	S30.3.29	日立	東京	宇都宮（転）〈S57.2.4〉
74	S30.3.12	日立	東京	稲沢〈S60.6.3〉
75	S30.3.19	日立	浜松	浜松〈S55.10.21〉
76	S30.4.14	日立	沼津	浜松〈S55.10.21〉
77	S30.3.9	東芝	東京	下関（転）〈S59.11.5〉
78	S30.3.15	東芝	浜松	米原〈S56.6.1〉
79	S30.3.17	東芝	浜松	米原〈S56.6.1〉
80	S30.4.9	東芝	沼津	米原〈S58.2.18〉
81	S30.6.1	東芝	沼津	広島〈S58.3.28〉
82	S30.3.18	川崎車・川崎重	浜松	広島〈S56.3.7〉
83	S30.3.10	川崎車・川崎重	沼津	宮原〈S54.9.20〉
84	S30.3.12	三菱電・新三菱重	浜松	宇都宮（転）〈S58.12.6〉
85	S30.3.23	三菱電・新三菱重	東京	宇都宮（転）〈S58.12.6〉
86	S30.3.10	東洋・汽車	東京	高崎第二〈S57.3.24〉
87	S30.5.27	東洋・汽車	浜松	高崎第二〈S58.2.18〉
88	S31.7.19	日立	東京	東京〈S59.4.13〉
89	S31.8.3	日立	東京	田端（転）〈H11.10.8〉
90	S31.9.1	日立	米原	高崎第二〈S58.6.18〉
91	S31.5.8	東芝	東京	下関（転）〈S59.11.26〉
92	S31.5.10	東芝	沼津	宮原〈S56.6.1〉
93	S31.7.9	東芝	東京	新鶴見〈S60.7.26〉
94	S31.5.12	川崎車・川崎重	米原	下関（転）〈S59.9.11〉
95	S31.7.16	川崎車・川崎重	浜松	宮原〈S56.8.19〉
96	S31.5.9	三菱電・新三菱重	米原	下関（転）〈S60.7.2〉
97	S31.7.10	三菱電・新三菱重	高崎第二	広島〈S56.2.5〉
98	S31.5.9	東洋・汽車	浜松	宮原〈S60.1.8〉
99	S31.7.23	川崎車・川崎重	浜松	竜華〈S61.1.7〉
100	S31.8.29	川崎車・川崎重	沼津	下関（転）〈S60.2.4〉
101	S31.7.6	東洋・汽車	東京	下関（転）〈S59.12.15〉
102	S31.10.2	日立	東京	宇都宮（転）〈S58.11.1〉
103	S31.10.19	日立	米原	田端〈S60.9.12〉
104	S32.2.26	日立	東京	長岡（転）〈S57.2.4〉
105	S32.3.6	日立	東京	長岡（転）〈S56.9.1〉
106	S31.9.18	東芝	東京	宇都宮（転）〈S58.12.6〉
107	S31.9.28	東芝	浜松	長岡（転）〈S57.2.4〉
108	S31.10.12	東芝	東京	宇都宮（転）〈S58.1.24〉
109	S31.11.27	東芝	東京	宇都宮（転）〈S59.8.23〉
110	S31.10.26	川崎車・川崎重	浜松	長岡（転）〈S56.11.24〉
111	S31.11.15	川崎車・川崎重	米原	下関（転）〈S59.10.1〉
112	S31.10.18	三菱電・新三菱重	米原	米原〈S59.3.30〉
113	S31.11.10	三菱電・新三菱重	米原	下関（転）〈S59.6.4〉
114	S31.11.14	東洋・汽車	浜松	田端〈S60.5.16〉
115	S32.3.15	日車・富士電	東京	広島〈S56.2.5〉
116	S32.3.29	日車・富士電	東京	田端〈S60.6.27〉
117	S32.3.13	東芝	東京	宇都宮（転）〈S58.6.18〉

機番	新製年月日	製造会社	新製配置区	廃車時配置区〈廃車日〉
118	S32.3.15	東芝	米原	下関 (転)〈S60.2.4〉
119	S32.3.4	川崎車・川崎重	浜松	宇都宮 (転)〈S57.12.8〉
120	S32.3.26	日立	高崎第二	高崎第二〈S58.8.5〉
121	S32.4.3	日立	高崎第二	高崎第二〈S58.5.17〉
122	S32.4.16	日立	沼津	静岡 (車)〈H20.3.31〉
123	S32.4.19	日立	沼津	宇都宮 (転)〈S58.3.11〉
124	S32.3.22	東芝	浜松	東京〈S59.2.7〉
125	S32.3.22	川崎車・川崎重	宮原	下関 (転)〈S60.9.30〉
126	S32.4.11	川崎車・川崎重	宮原	吹田〈S60.9.12〉
127	S32.3.14	東洋・汽車	宮原	吹田〈S60.10.14〉
128	S32.9.16	日車・富士電	宮原	下関 (転)〈S59.12.15〉
129	S32.10.3	東洋・汽車	高崎第二	下関 (転)〈S59.7.30〉
130	S32.11.6	東洋・汽車	高崎第二	高崎第二〈S58.10.5〉
131	S32.11.18	日車・富士電	高崎第二	高崎第二〈S57.6.8〉
132	S32.12.17	日車・富士電	高崎第二	高崎第二〈S57.8.5〉
133	S32.12.25	日車・富士電	高崎第二	高崎第二〈S58.12.6〉
134	S32.11.15	日立	高崎第二	高崎第二〈S59.1.6〉
135	S32.11.19	日立	高崎第二	高崎第二〈S57.6.8〉
136	S32.12.3	日立	高崎第二	高崎第二〈S57.7.1〉
137	S32.12.4	日立	高崎第二	高崎第二〈S59.2.7〉
138	S33.2.22	日立	宮原	下関 (転)〈S60.7.2〉
139	S33.2.25	日立	宮原	竜華〈S61.3.31〉
140	S33.3.1	日立	宮原	宮原〈S59.3.30〉

機番	新製年月日	製造会社	新製配置区	廃車時配置区〈廃車日〉
141	S33.3.6	日立	宮原	田端 (転)〈S61.6.30〉
142	S33.3.8	日立	宮原	下関 (転)〈S59.11.30〉
143	S33.3.14	日立	宮原	宮原〈S59.3.30〉
144	S33.3.20	日立	宮原	宇都宮 (転)〈S59.8.24〉
145	S33.3.25	日立	宮原	田端〈S60.4.15〉
146	S32.11.20	東芝	宮原	下関 (転)〈S59.11.5〉
147	S32.12.10	東芝	宮原	竜華〈S61.3.31〉
148	S32.12.13	東芝	東京	東京〈S59.3.12〉
149	S33.2.27	東芝	宮原	竜華〈S59.10.7〉
150	S33.3.11	東芝	宮原	宮原 (総)〈H23.10.31〉
151	S33.3.18	東芝	宮原	田端〈S60.4.15〉
152	S33.3.27	東芝	高崎第二	宇都宮 (転)〈S58.2.18〉
153	S33.4.8	東芝	宇都宮	宇都宮 (転)〈S58.3.11〉
154	S33.4.17	東芝	東京	田端〈S60.9.12〉
155	S33.4.25	東芝	浜松	下関 (転)〈S61.1.31〉
156	S33.4.30	東芝	浜松	下関 (転)〈S61.1.30〉
157	S33.2.25	三菱電・新三菱重	浜松	静岡 (車)〈H20.3.31〉
158	S33.2.26	三菱電・新三菱重	浜松	下関 (転)〈S60.2.4〉
159	S33.3.15	三菱電・新三菱重	浜松	浜松〈S59.3.12〉
160	S33.3.27	三菱電・新三菱重	浜松	新鶴見〈S61.2.10〉
161	S33.2.13	川崎車・川崎重	浜松	浜松〈S59.2.7〉
162	S33.2.17	川崎車・川崎重	沼津	浜松〈S59.2.7〉
163	S33.2.21	川崎車・川崎重	沼津	浜松〈S59.5.2〉

機番	新製年月日	製造会社	新製配置区	廃車時配置区〈廃車日〉
164	S33.3.19	川崎車・川崎重	沼津	下関 (転)〈S59.9.25〉
165	S33.4.12	川崎車・川崎重	沼津	浜松〈S60.2.4〉
166	S33.4.18	川崎車・川崎重	沼津	浜松〈S59.5.2〉
167	S33.2.18	東洋・汽車	沼津	浜松〈S59.6.6〉
168	S33.3.4	東洋・汽車	沼津	田端〈S60.9.12〉
169	S33.3.19	東洋・汽車	沼津	浜松〈S59.2.4〉
170	S33.4.10	東洋・汽車	沼津	竜華〈S61.3.31〉
171	S33.4.28	東洋・汽車	沼津	下関 (転)〈S60.4.16〉
172	S33.3.28	日車・富士電	沼津	田端〈S60.5.17〉
173	S33.8.29	東芝	高崎第二	高崎第二〈S57.11.22〉
174	S33.7.25	東洋・汽車	高崎第二	高崎第二〈S57.12.23〉
175	S33.7.28	三菱電・新三菱重	高崎第二	高崎第二〈S57.11.9〉

＊製造会社 (改装会社) は、日立→日立製作所、東芝車→東芝車輛、東芝→東京芝浦電気、三菱電・三菱重→三菱電機・三菱重工業、三菱電・新三菱重→三菱電機・新三菱重工業、川崎車・川崎重→川崎車輛・川崎重工業、東洋・汽車→東洋電機製造・汽車製造、日車・富士電→日本車輌製造・富士電機製造。

＊「改装」とは、旧車体で落成した1～35号機に対して施工された、新車体載せ替えを伴う第二次改装工事をさす。
　※「改装年月日」は出場日 (配置区到着日)

＊配置区名の後の「転」は運転所、「車」は車両区、「総」は総合運転所、「車セ」は車両センターを表す。それ以外はすべて機関区である。

昭和52 (1977) 年 7 月 21 日　6401列車：急行「おが 2 号」　EF58 103〔宇〕＋旧型客車・10系寝台車　東北本線 上野

上野発の夜行列車

　日が暮れると、当てもないのにどこかへ旅に出たくなるような駅が、昔はあった。夜汽車の始発駅である。昭和50年代初頭の上野駅は、まさにその最たる存在であった。19時10分発の青森行急行「八甲田」を皮切りに、これでもかといわんばかりに東北や越後、北陸、信州へと次々に夜汽車が旅立っていった。

　どの列車もたくさんの乗客で賑わっていた。平日でも、である。東日本の経済は、上野発の夜行列車が背負っていたのではないかと思えるほどであった。そんな上野駅には、旅程など何も決めずに赴くのもまた一興であった。時刻表すら持たなくとも、どうということもなかった。

　まずは、地下鉄からの連絡通路途中にある風趣に富んだ地下食堂街でホッピーでも呑みながら、時が来るのをおもむろに待つ。やがて夜の帳がおりる。いざ出陣、中央改札口へと向かう。

　改札口の上には各列車の発車時刻案内板が、居酒屋のお品書きよろしく所狭しと並んでいる。どの夜汽車に乗ろうかと、おおいに悩む場面である。悩んでも決まらない場合には、サイコロでも振って、出た目の数の番線から発車する夜汽車に乗っても面白そうだ。

　いま思えば夢のまた夢の話だが、昔の上野駅は、そんなところであった。図表2は昭和50（1975）年3月10日改正ダイヤから、昔の駅に掲げられていた時刻表風に、上野駅の夜行列車発車時刻をまとめたものである。おそろしいほどに数多の夜行列車が走っていたことに感無量となる。EF58牽引列車の多さにも目を見張る。昭和50年代初頭では、まだまだEF58が幹線の主力機であった。

図表2　昭和50年3月ダイヤ改正当時の上野駅夜行列車発車時刻表

※昭和50年3月10日改正ダイヤ（基本ダイヤは昭和50年3月10日から昭和53年10月1日まで使用）
※G…グリーン車、指…指定席、自…自由席
※欄外下の★印はEF58牽引列車、☆印はEF57牽引列車

東北本線 夜行列車発車時刻表

種別	列車名	設備	発車時刻	行先	番線	記事
急行	八甲田	G・指・自	一九:一〇	青森	14	仙台からB寝台連結
急行	津軽1号	G・指・自	一九:一七	青森	14	奥羽線回り
急行	おが2号	G・指・自	一九:二九	男鹿	17	奥羽線回り
特急	あけぼの1号	A寝台・B寝台（客車三段）	二一:一九	青森	13	奥羽線回り 全車寝台
特急	はくつる	A寝台・B寝台（電車三段）	二一:二〇	青森	15	全車寝台
特急	あけぼの2号	A寝台・B寝台（客車三段）	二一:二四	青森	13	奥羽線回り 全車寝台
特急	北星	A寝台・B寝台（客車三段）	二一:三五	盛岡	14	全車寝台
急行	津軽2号	A寝台・B寝台（客車三段）	二一:四一	青森	13	奥羽線回り
急行	出羽	A寝台・B寝台（客車三段）	二一:五一	酒田	13	奥羽線・陸羽西線回り
急行	いわて3号	G・指・自	二二:一五	盛岡	15	（季節列車）
急行	まつしま6号	G・指・自	二三:一五	仙台	14	
急行	あづま2号	G・指・自	二三:三五	山形	14	
急行	ざおう3号	G・指・自	二三:四一	山形	14	（季節列車）
急行	新星	A寝台・B寝台（客車三段）	二三:四九	仙台	14	全車寝台
急行	ばんだい5号	G・指・自	二三:五一	会津若松	16	（季節列車）
急行	ばんだい6号	G・指	二三:五五	会津若松	16	

☆ ☆ ☆

常磐線 夜行列車発車時刻表

種別	列車名	設備	発車時刻	行先	番線	記事
特急	ゆうづる1号	G・B寝台（電車三段）	一九:五〇	青森	17	全車指定
特急	ゆうづる2号	G・B寝台（電車三段）	二〇:〇〇	青森	20	全車寝台
特急	ゆうづる3号	G・B寝台（客車三段）	二〇:四五	青森	20	全車寝台
特急	ゆうづる4号	G・B寝台（客車三段）	二一:〇五	青森	19	全車寝台
特急	ゆうづる5号	G・B寝台（客車三段）	二一:一五	青森	20	全車寝台
特急	ゆうづる6号	G・B寝台（客車三段）	二一:四五	青森	19	全車寝台
特急	ゆうづる7号	G・指	二二:〇五	青森	20	全車指定
急行	十和田1号	G・指・自	二〇:三五	青森	18	
急行	十和田2号	G・A寝台・B寝台（客車三段）	二二:三五	青森	19	（季節列車）
急行	十和田3号	G・指・自	二三:二五	青森	20	

☆　　☆ ★

高崎線・上越線・信越本線 夜行列車発車時刻表

種別	列車名	設備	発車時刻	行先	番線	記事
特急	北陸	A寝台・B寝台（客車三段）	二一:五一	金沢	8	全車寝台
急行	能登	A寝台・B寝台（客車三段）	二二:一四	金沢	8	上越線回り
急行	鳥海	A寝台・B寝台（客車三段）	二二:一八	秋田	13	羽越線回り
急行	越前	G・自	二二:四八	福井	14	長野回り
急行	天の川	A寝台・B寝台（客車三段）	二三:三八	秋田	9	新潟・羽越線回り 全車寝台
急行	佐渡4号	G・指・自	二三:二〇	新潟	8	上越線回り
急行	妙高4号	G・自	二三:四七	直江津	7	上越線回り
急行	妙高5号	G・自	二三:五八	直江津	5	長野回り（季節列車）
急行	信州6号	G・指	〇〇:二三	長野	9	長野回り（季節列車）

★ ★ ★ ★

昭和52（1977）年7月21日　401列車：急行「津軽1号」　EF58 84〔宇〕＋旧型客車・10系寝台車・荷物車　東北本線 上野

昭和52 (1977) 年7月21日　6103列車：急行「八甲田54号」　EF58 102〔宇〕＋12系　東北本線 上野

昭和52（1977）年7月21日　3605列車：急行「能登」　EF58 173〔高二〕＋金サワ旧型客車・10系寝台車・スニ41　東北本線 上野

昭和52（1977）年7月21日　31列車：特急「北星」　EF58 117〔宇〕＋北オク20系寝台車　東北本線 上野

昭和52（1977）年7月21日　803列車：急行「天の川」　EF58 72〔長岡〕＋北オク20系寝台車・新ニイ スユ16　東北本線 上野

昭和52（1977）年7月21日　1101列車：急行「新星」　EF58 58〔宇〕＋北オク20系寝台車　東北本線 上野

朝の上野駅

　厖大な数の夜行列車が旅立った昭和50年代初頭の上野駅。その殿は、昭和50（1975）年３月10日改正ダイヤで見れば、日付も変わった０時22分に９番線から発車する長野行の急行「信州６号」（季節列車）となる。それからわずか４時間後には、東北、越後、北陸、信州の諸都市を前夜に出発した上りの夜行列車が、堰を切ったかのように次々と到着して、上野駅の早い朝が始まる。

　一番手は４時27分に６番線に到着する直江津からの急行「妙高４号」、続いて仙台・会津若松からの急行「あづま２号・ばんだい６号」が４時37分に13番線に到着する。以降、４時47分着の急行「妙高５号」、４時53分着の急行「まつしま６号」（季節列車）、５時２分着の急行「出羽」、５時６分着の急行「佐渡４号」、５時20分着の急行「十和田１号」、５時26分着の特急「ゆうづる１号」、５時36分着の急行「新星」、５時42分着の急行「いわて３号」、５時45分着の特急「北陸」、５時55分着の急行「天の川」と特急「ゆうづる２号」、５時58分着の特急「北星」、６時０分着の特急「ゆうづる３号」、６時４分着の急行「津軽１号」……と、書き出せばキリがないほどの列車が入線する。列車到着のたびに「うえの〜〜〜、うえの〜〜〜」という、あの独特な放送の声を耳にしたものである。

　もちろん、EF58が先導する列車も多かった。上越線を通ってくる客車列車は、必ず長岡運転所か高崎第二機関区のEF58が頭で、東北本線の客車列車ならば、特急「あけぼの」以外は宇都宮運転所のEF58かEF57が率いてきた。真冬ともなれば、雪だるまのような恰好で上野駅にすべり込んでくる〔長岡〕や〔高二〕のEF58が、実に印象深かった。

昭和52（1977）年７月21日　32列車：特急「北星」　EF58 117〔宇〕＋北オク20系寝台車　東北本線 上野

昭和52（1977）年 7 月21日　404列車：急行「津軽 2 号」　EF58 114〔宇〕＋荷物車・10系寝台車・旧型客車　東北本線 上野

昭和53（1978）年4月6日　3604列車：急行「能登」　EF58 135〔高二〕＋金サワ10系寝台車・旧型客車　東北本線 上野

大阪発の夜行列車

「夜汽車の似合う駅」の東の横綱が上野駅ならば、西の横綱は大阪駅となろうか。

大阪駅からの夜汽車の旅立ちは、夏場に風情があった。駅の南、阪神百貨店屋上のビアガーデンで黄昏時（たそがれ）の心地よい風に吹かれながら、大ジョッキを二、三杯。そして、いざ出陣。呑み足りなければ、地下食料品街で寝酒の「あて」を仕入れればよい。

大阪駅発の夜行列車も上野駅に負けず劣らずで、山陽・九州方面、北陸・東北方面、信州方面、東京方面と役者は多士済々、じつに目移りする。昭和50年代初頭では、まあ主役は、やはり九州へと向かう列車群だろう。新幹線が博多まで延びてからは本数を減らしたものの、まだまだ九州の多くの地域へ夜汽車で行けた。途中、下関までは米原機関区、宮原機関区、広島機関区などのEF58が導いてくれる。

昭和50（1975）年3月10日改正以降は全車指定制の列車ばかりとなり、上野駅のように乗る列車はサイコロを振って……といった芸当は難しそうだが、でも盆暮れの民族大移動の時期でもないかぎり、発車間際に「みどりの窓口」へ駆け込んでも、希望する列車はすぐにおさえられた。もっともその空き具合により、次の改正で本数がさらに減るのであるが。

上野駅では、荷物輸送に関する業務は原則として隅田川駅に移ったので、荷扱い風景は夜行旅客列車連結の荷物車への朝刊積み込みぐらいしか見られなかったが、大阪駅は荷客分離がなされず、神戸寄りの荷物専用ホームはむろんのこと、旅客用ホームでも頻繁に荷扱いが行われていた。当然、夜行列車にも荷物専用列車が多く、旅客列車が空いていたのとは対照的に活気に満ちあふれていた。

図表3　昭和50年3月ダイヤ改正当時の大阪駅下り夜行列車発車時刻表

※昭和50年3月10日改正ダイヤ（基本ダイヤは昭和50年3月10日から昭和53年10月1日まで使用）
※G…グリーン車、指…指定席、D…食堂車　※臨時列車は省略
※欄外下の★印はEF58牽引列車

山陽・九州方面　下り夜行列車発車時刻表

種別	列車名	設備	発車時刻	行先	番線	始発駅	記事
特急	金星	G・B寝台（電車三段）	一：二一	博多	3	名古屋	全車指定 ★
特急	みずほ	A寝台・B寝台（客車三段）・D	二：二九	熊本・長崎	3	東京	全車寝台　A寝台は熊本行 ★
特急	はやぶさ	A寝台・B寝台（客車三段）・D	二：一二	西鹿児島	3	東京	全車寝台 ★
特急	さくら	A寝台・B寝台（客車三段）・D	二三：五七	長崎・佐世保	3	東京	全車寝台　A寝台は長崎行 ★
急行	鷲羽1号	G・指	二三：二九	宇野	1	新大阪	全車指定
特急	安芸	A寝台・B寝台（電車三段）	二三：〇九	下関	1	新大阪	全車寝台　呉線回り ★
特急	明星7号	G・指（電車三段）	二二：三七	博多	1	新大阪	全車指定
特急	彗星3号	G・指（電車三段）	二二：五一	大分	1	新大阪	全車指定
特急	明星6号	B寝台（電車三段）	二二：三七	熊本	3	新大阪	筑豊線回り
特急	あかつき3号	A寝台・B寝台（客車三段）	二二：三七	佐世保	3	新大阪	全車寝台 ★
急行	なは	G・B寝台（電車三段）	二一：五六	西鹿児島	2	新大阪	全車指定
急行	くにさき	指	二一：四	大分	1	大阪	★
特急	あかつき2号	B寝台（客車二段）	二一：三六	長崎	1	大阪	★
特急	明星5号	B寝台（客車二段）	一九：三六	熊本	1	新大阪	全車寝台 ★
特急	彗星2号	B寝台（客車二段）	一九：三九	都城	4	新大阪	全車寝台 ★
急行	阿蘇	指	一九：〇四	熊本	4	新大阪	
特急	明星4号	指	一九：三六	都城	3	新大阪	全車指定
特急	あかつき1号	A寝台・B寝台（客車三段）	一九：一〇	長崎・佐世保	2	大阪	全車寝台　A寝台は長崎行 ★
特急	明星3号	B寝台（客車三段）	一八：〇六	西鹿児島	1	京都	全車指定
特急	明星2号	B寝台（客車三段）	一八：五一	西鹿児島	2	新大阪	（季節列車）
急行	西海	指	一八：四〇	佐世保	3	新大阪	
急行	雲仙	指	一八：四〇	長崎	3	新大阪	
特急	彗星1号	G・指・B寝台（電車三段）	一八：三六	宮崎	2	新大阪	全車指定 ★
特急	明星1号	G・指・B寝台（電車三段）	一八：〇四	西鹿児島	2	新大阪	全車指定 ★
（以下荷物列車　設備欄＊＊＊）							
急行	三一	（荷物列車）	二〇：二七	鹿児島	4	汐留	★
急行	三三	（荷物列車）	二二：五〇	熊本	4	汐留	★
急行	一〇三一	（荷物列車）	二二：五七	広島	3	大阪	★
急行	二〇三一	（荷物列車）	二三：四〇	東小倉	4	大阪	★
急行	三五	（荷物列車）	一：五八	熊本	4	汐留	★

昭和52（1977）年12月30日　8207列車：急行「屋久島51号」　EF58 48〔宮〕＋スニ40・12系　東海道本線 大阪

昭和52（1977）年8月14日　3005列車：特急「彗星2号」　EF58 36〔米〕＋大ムコ24系25形寝台車　東海道本線 大阪

昭和52（1977）年8月14日　8009列車：特急「彗星51号」　EF58 6〔広〕＋14系座席車　東海道本線 大阪

昭和50年3月改正で変わった山陽路の夜行列車

　20頁の大阪駅における山陽・九州方面下り夜行列車発車時刻表は、新幹線が岡山から博多まで延びた昭和50（1975）年3月10日改正ダイヤによるものである。新幹線並行区間とは思えないほど夜行列車が多い。しかし、改正前はもっとあった。

　改正前の関西発着となる山陽本線夜行列車を書き出せば、寝台特急は「あかつき」7往復、「彗星」5往復（1往復は「あかつき」併結）、「明星」3往復、「きりしま」1往復、夜行急行は「屋久島」1往復、「雲仙」1往復、「西海」1往復、「日南」2往復、「天草」1往復、「つくし」1往復、「音戸」2往復といった陣容である（昭和49年4月25日改正ダイヤ。季節列車、臨時列車は省略）。加えて、東京駅発着の急行「桜島・高千穂」と名古屋駅発着の急行「阿蘇」も、同じ時間帯に山陽本線を走っていた。もちろん、これらのうち客車列車は「あかつき」1往復と「阿蘇」を除きEF58の牽引だった。

　上の列車群を知れば、昭和50年3月改正で山陽本線の夜行列車がかなり削られたことが実感できよう。ただ、それでも供給過剰なのはたしかで、改正後、寝台特急は利用低迷が続く。目も当てられなかったのは夜行急行である。改正前は「日南」1往復、「つくし」1往復、「音戸」1往復以外、夜行急行には旧型客車の自由席車が連結されていた。ところが改正後の「雲仙・西海」「阿蘇」「くにさき」は、14系座席車化はよかったものの、全車指定席としたことが仇となる。自由席ならば急行券なしで急行列車に乗れた周遊券の旅客にそっぽを向かれたという次第。増収を目論んだ赤字国鉄の判断ミスだったといえようか。

　昭和50年3月改正では、寝台特急「あかつき」「彗星」の牽引機関車前部を飾ったヘッドマークが廃止された。改正前は併結運転の下り「あかつき5号・彗星

3号」、上り「あかつき3号・彗星2号」以外は、下関以東で原則として機関車にマークが付いていた。まあ、「あかつき」も「彗星」も新幹線博多延伸前は旺盛なる旅客需要から増発に次ぐ増発で、マークも数が足りなくなり、実際には付かない列車もけっこうあったとは聞くが。

当時の国鉄は労組側が強く、着脱に手間のかかる機関車のヘッドマークは現場で嫌われたのかもしれない。マーク廃止の結果、改正後は機関車牽引列車の場合、前部を見るかぎりでは特急列車なのか急行列車なのか区別がつかなくなった。特急列車の風格も威厳も消え失せてしまい、一抹の寂しさをおぼえた人も多かったはず。

さて、その寝台特急「あかつき」は、昭和50年3月改正前の下り列車の行先を見ると、1号は西鹿児島・長崎行、2号は西鹿児島行、3号は長崎行、4号は西鹿児島行、5号は佐世保行、6号は熊本行、7号は長崎・佐世保行という具合に、鳥栖から先の鹿児島本線方面行と長崎本線・佐世保線方面行とが混在していた。これが、20頁の時刻表を見ればおわかりのように、昭和50年3月改正で列車名が方面別に整理される。

「あかつき」の名は長崎本線・佐世保線方面に限定され、鹿児島本線方面の列車には、改正前まで関西と博多・熊本を結んだ電車寝台特急の名「明星」を与えたのである。結果、改正後の「明星」は客車列車と電車列車の双方が存在することとなった。

EF58牽引の寝台特急「明星」が誕生したわけだが、残念ながらヘッドマークは見られなかった。国鉄末期には機関車のヘッドマークも復活して、「明星」のマークも作られたが、その頃にはもうEF58は、寝台特急牽引から手を引いていた。

昭和52（1977）年8月14日　8031列車：特急「金星51号」　EF58 26〔浜〕＋名ナコ14系座席車　東海道本線 大阪

昭和52（1977）年8月14日　203列車：急行「阿蘇」　EF58 42〔宮〕＋大ムコ マニ37・熊クマ14系座席車　東海道本線 大阪

昭和52（1977）年8月16日　205列車：急行「くにさき」　EF58 146〔宮〕＋大ミハ14系座席車　東海道本線 大阪

昭和52（1977）年8月16日　43列車：特急「あかつき3号・明星6号」　EF58 115〔広〕＋門ハイ14系14形寝台車　東海道本線 大阪

昭和52（1977）年8月16日　荷33列車　EF58 99〔宮〕＋荷物車・郵便車　東海道本線 大阪

昭和52 (1977) 年 8 月16日　荷1031列車　EF58 18〔広〕＋大ムコ ワキ8000・ワサフ8000（荷貨共用車）　東海道本線 大阪

図表 4　昭和50年 3 月改正時のEF58配置表

新潟鉄道管理局　長岡運転所〔長岡〕

35　50　51　71　72　104　105　106　107　110　（計10両）

高崎鉄道管理局　高崎第二機関区〔高二〕

59　86　87　90　120　121　130　131　132　133　134　135　136　137　173　174　175　（計17両）

東京北鉄道管理局　宇都宮運転所〔宇〕

10　11　12　14　58　65　70　73　84　85　89　102　108　109　114　116　117　152　153　（計19両）

東京南鉄道管理局　東京機関区〔東〕

49　61　68　88　122　123　124　129　148　154　（計10両）

静岡鉄道管理局　浜松機関区〔浜〕

1　2　3　4　5　25　26　27　52　60　67　155　156　157　158　159　160　161　162　163　164　165　166　167　168
169　（計26両）

名古屋鉄道管理局　米原機関区〔米〕

36　74　77　78　79　80　103　111　112　113　118　（計11両）

大阪鉄道管理局　宮原機関区〔宮〕

41　42　43　44　45　46　47　48　53　54　55　56　57　75　76　83　91　92　93　94　95　96　97　98　99
100　101　125　126　127　128　138　139　140　141　142　143　144　145　146　147　149　150　151　170　171　172　（計47両）

天王寺鉄道管理局　竜華機関区〔竜〕

21　22　24　28　39　66　（計 6 両）

広島鉄道管理局　広島機関区〔広〕

6　7　8　9　13　15　16　17　18　19　20　23　38　40　62　63　64　69　81　115　119　（計21両）

広島鉄道管理局　下関運転所〔関〕

29　30　31　37　82　（計 5 両）

図表 5　昭和50年 3 月改正時のEF58運用区間

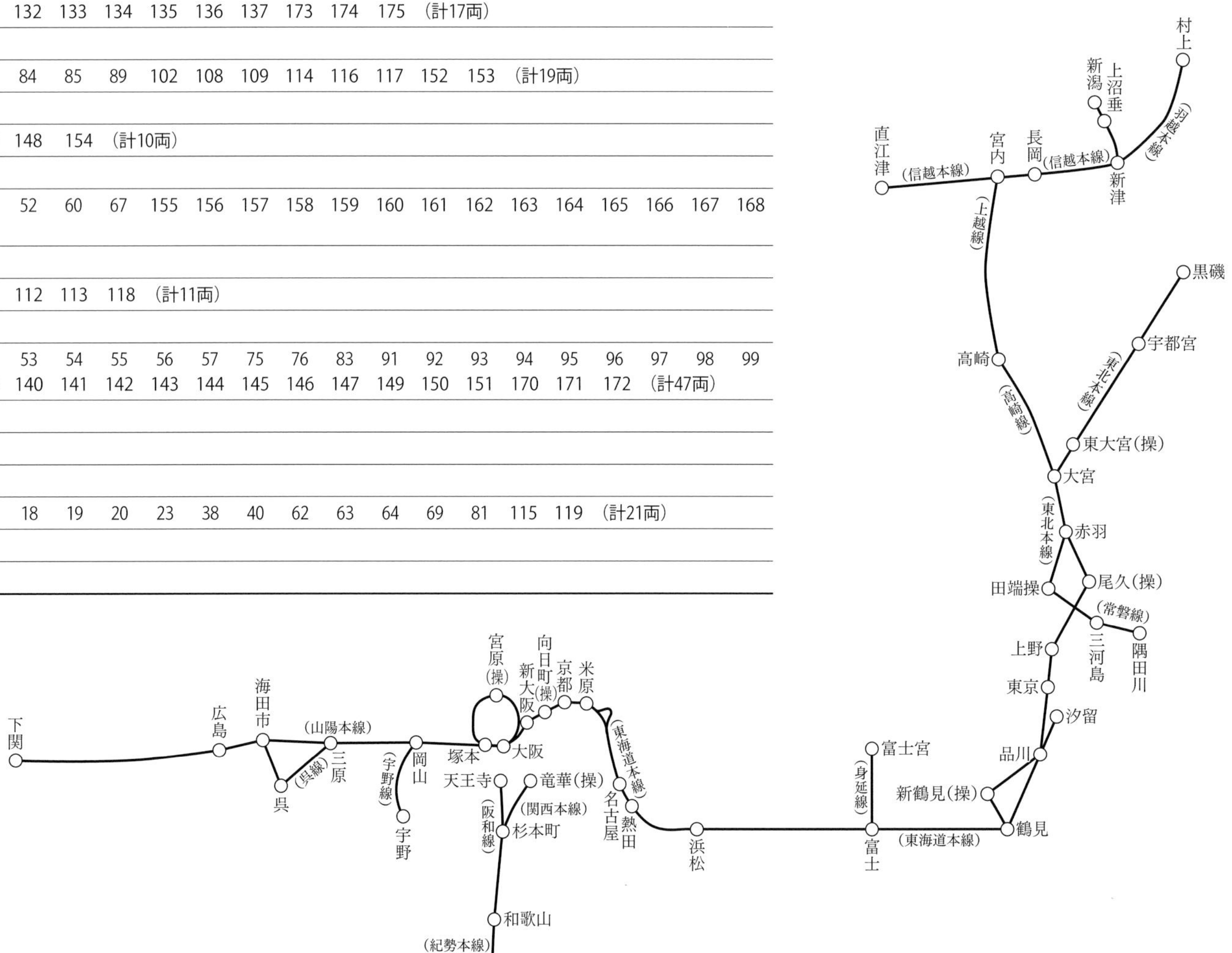

※定期列車、季節列車の運用区間を示す。

第二幕 老骨に鞭打つ 昭和50年代点景

昭和59（1984）年1月29日　列車番号不明（転属回送）　EF58 143〔宮〕＋スハフ12・荷物車　東海道本線 京都

昭和50年3月改正時のEF58①

　図表6は、昭和50（1975）年3月10日全国ダイヤ改正時点での各区所のEF58運用（仕業）表である。見れば見るほど、直流電化区間における旅客列車牽引用電気機関車の主力は、当時はまさにEF58だったことがよくわかる。

　宇都宮運転所の「EL2組」については、EF58のEG車とEF57の共通運用となっているが、EF57は老朽化が進んでおり、EF58のほうをよく充当していた。まあ、EF57についても、検査期限が近づいているものは頻繁に使われて、期限が切れたら廃車前提の休車となった。昭和52（1977）年の初頭、EF57は14両全機が運用を終えた。

　ところで、宇都宮運転所「EL2組」の"EF58EG"および長岡運転所「EL甲1組」の"EF58EG"の記述であるが、これはインバータ装置EG（直流1500Vを単相交流1500Vに変換する装置）を搭載したEF58の限定運用を表している。このEGとは、電気暖房装備の客車（旧型客車、荷物車、郵便車、10系客車などの2000番台車）に暖房用の交流電気を供給する機器である。

　冷暖房用などのサービス電源を自前で持つ（ディーゼル発電機搭載の）20系・12系・14系・24系といった新系列客車以外の旧型客車・荷物車・郵便車および10系客車の暖房は、元来、牽引機関車から送り込まれる高圧蒸気を車内の放熱管に通すことで行っていた（蒸気暖房）。ゆえに、EF58は客車暖房用の蒸気発生装置SGを搭載するのが基本であった。

　しかし、交流電化区間の東北地方や北陸地方で運用する旧型客車などでは、電気暖房化が進んでいく（交流電気機関車の場合、車載の変圧器で簡単に暖房用の単相交流1500Vが作れるため。ただし、交流電化区間でも九州と北海道では蒸気暖房が使われた。前者は直流電化の東海道・山陽本線との直通客車列車が多く、後者はほとんどが非電化区間で交流電化区間は限定的だったからである。このため、九州内で運用のED72やED76、北海道用のED76500番台といった交流電気機関車はSGを搭載していた。なお、電気暖房化した客車でも蒸気暖房設備は残存）。東北地方、北陸地方で運用する客車の電気暖房化が進めば、当然、それらが乗り入れてくる東北本線（黒磯以南）、信越本線、上越線といった直流電化区間でも、電気暖房を使用したほうが効率的である。このため、長岡運転所、高崎第二機関区、宇都宮運転所のEF58もSGに換

図表6　昭和50年3月改正時のEF58運用（仕業）表

長岡運転所　EL甲1組　EF58EG

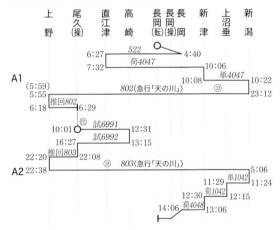

長岡運転所　EL甲2組　EF58P

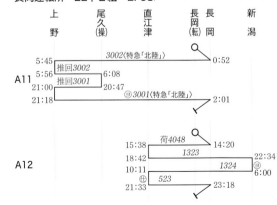

高崎第二機関区　EL1組　EF58

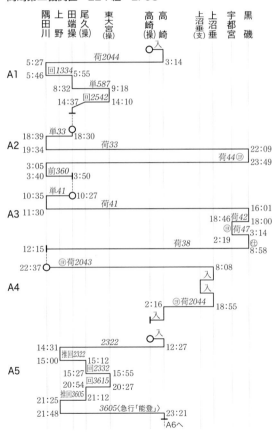

えてEGを搭載することになった。ただ、昭和50年3月改正の段階では、長岡運転所と宇都宮運転所のEF58において、SG車とEG車の混在がみられ、結果、両所ではEG車限定運用が設けられたのであった。

　長岡運転所と宇都宮運転所における混在の理由は、前者は単なる改造工事の遅れだが、後者はちょっと事情が異なる。昭和50年3月改正での山陽本線の特急・急行列車大幅削減により、広島機関区からEF58のSG車が数両、宇都宮運転所へ流れてきたためだった。

　このSG車元広島組は、すべてP形のEF58でもあった。図表6の宇都宮運転所の運用（仕業）表には「EL1組」もあり、そこに"EF58ᴘ"と記されている。そう、

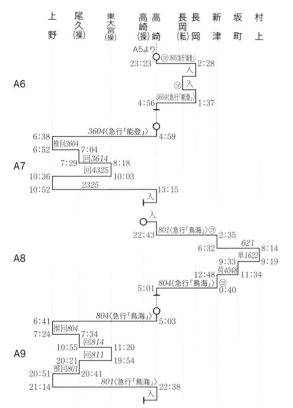

宇都宮運転所　EL1組　EF58ᴘ

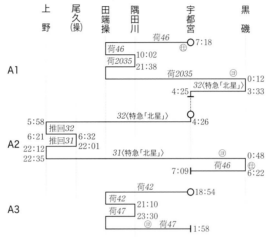

宇都宮運転所　EL2組　EF57　EF58ᴇɢ

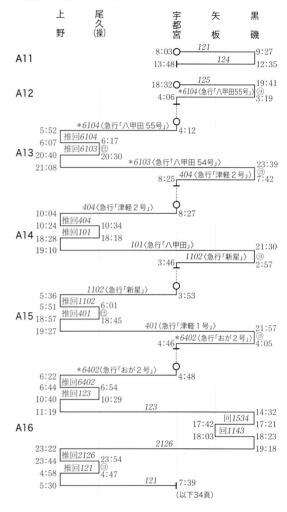

（以下34頁）

これに元広島組のEF58を充当したのである。

　では"P形"とはなんぞや、となるが、「EL1組」の運用を見ると特急「北星」の牽引が目を惹く。肝はそれである。「北星」は昭和50年3月改正で新設の上野〜盛岡間寝台特急で、使用車両は20系客車。当時、20系を牽引する機関車は、同客車のブレーキシステムの関係からMR管（元空気溜め引き通し管）の装備が必要であった。このMR管増設工事を行ったEF58が、俗にP形と呼ばれていたのである。広島機関区には従前、山陽本線の20系寝台特急牽引のためP形のEF58が多数、配置されていた。その一部が宇都宮運転所に転属してきたのである。なお、当該の元広島組は、EG車の運用にも使用できるよう、老朽機を除き、のちにEG化改造が行われる。

　一方、長岡運転所「EL甲2組」も、新設の上野〜金

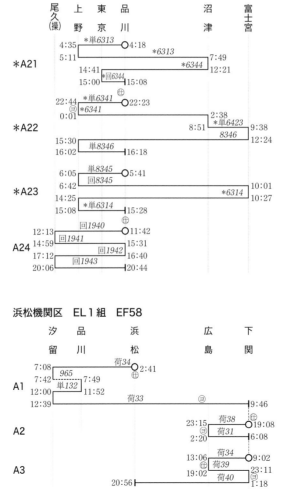

東京機関区　EL2組　EF58

浜松機関区　EL1組　EF58

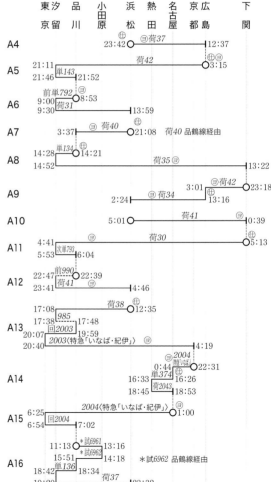

沢間20系寝台特急「北陸」牽引のため、"EF58p"限定となっているが、こちらは同所にあったEF58の一部をP形に改造した。

　長岡運転所のEF58は、日本海の荒波を見やりながら信越本線（海線）を走って直江津まで行くのがミソである。一方、上越線タイプの同僚ともいえる高崎第二機関区のEF58は、そちらへは向かわず、代わりに801列車・804列車（急行「鳥海」）牽引の間合いで、羽越本線の村上まで行くところがニクい。ご承知のように、村上は直流電化区間の北限である。羽越本線の酒田以南は、村上〜間島間に交直セクション（車上切替タイプ）があるため、交直両用電機EF81の天下であった。村上までの1往復とはいえ、そこに入り込むとはEF58も意地をみせたようだ。

米原機関区　EL1組　EF58

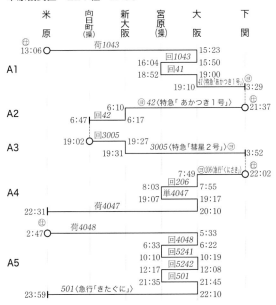

宮原機関区　1組　EF58

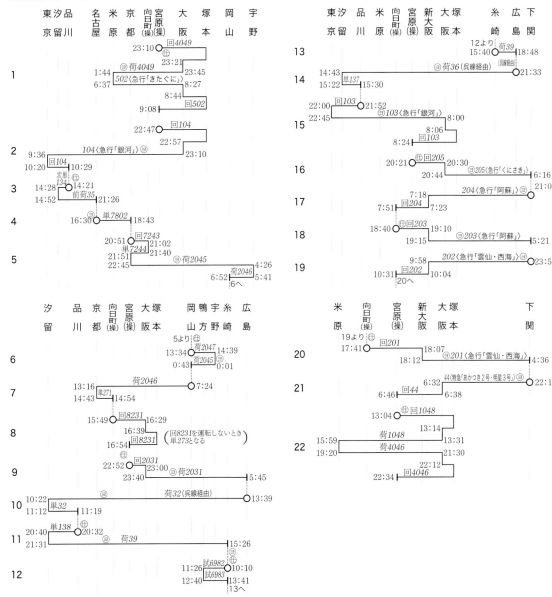

竜華機関区　EL３組　EF58

竜華(操)　天王寺　鳳　東貝塚　和歌山　和歌山操

⊕13:28　　975　　15:11
18:48　後△2974　17:24
19:10　単978　20:14
次△978　20:50
E91　22:31　次978
前1396　23:08
前△1396 ㊂　0:33
前△966　8:24
10:07　前966
10:51　次969
次△969　12:40
12:41　969　12:55
E92　15:48　375　13:55
19:12　次372
次△372　20:57
前△980　21:41
23:08　前980
⊕11:54　971　13:41
17:19　970　14:56
20:34　前979
前△979　22:00
次△5377　22:34
0:13 ㊂次△5377
（毎金曜日⊕削除）
⊕15:48　次977
次△977　17:14
20:47　後△976　19:59
21:25　単924
22:40　924〈「南紀」〉　20:53
921〈「南紀」〉　23:39
5:00 ㊂　3:58
6:04　単921　6:24
単963　6:45
7:19
（毎土曜日休止）
（⊕は毎金曜日施行）
（2日目）
5:00　921〈「南紀」〉　上略
12:00　8106〈急行「きのくに6号」〉　3:58
12:56
単8106　13:01
変E94　前5373　12:57
15:07　13:47
15:48　次977
次△977　17:14
（毎金曜日施行）　以下E94運用

広島機関区　EL２組　EF58

向日町(操)　新大阪　大阪　広島　下関

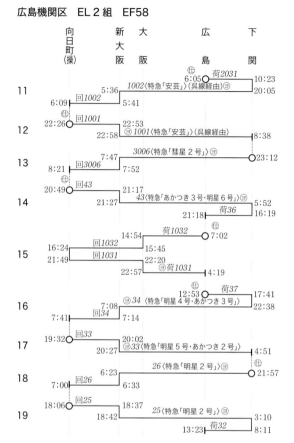

11　回1002　5:36　1002〈特急「安芸」〉(呉線経由)㊂　⊕6:05　荷2031　10:23　20:05
6:09　5:41
12　22:26　回1001　22:53　㊂1001〈特急「安芸」〉(呉線経由)　8:38
22:58
13　8:21　回3006　7:47　3006〈特急「彗星2号」〉㊂　23:12
7:52
14　⊕20:49　回43　21:17　43〈特急「あかつき3号・明星6号」〉㊂　5:52
21:27　荷36
21:18　16:19
15　16:24　回1032　14:54　荷1032　⊕7:02
21:49　回1031　15:45
22:20　22:57　㊂荷1031　4:19
16　7:41　回34　7:08　34〈特急「明星4号・あかつき3号」〉　⊕12:53　荷37　17:41　22:38
7:14
17　19:32　回33　20:02　㊂33〈特急「明星5号・あかつき2号」〉　⊕4:51
20:27
18　7:00　回26　6:23　26〈特急「明星2号」〉㊂　⊕21:57
6:33
19　18:06　回25　18:37　25〈特急「明星2号」〉㊂　3:10
18:42　13:23　荷32　8:11

広島機関区　EL＊１組　EF58

品川　沼津　富士　富士川　広島　下関

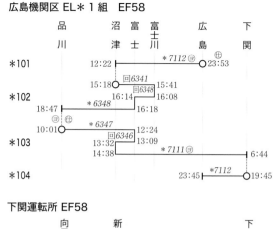

＊101　12:22　＊7112㊂　⊕23:53
＊102　15:18　回6341　15:41
16:14　回6348　16:08
18:47　＊6348　16:18
＊103　10:01　＊6347　12:24　13:32　回6346　13:09
14:38　＊7111㊂　6:44
＊104　23:45　＊7112　19:45

下関運転所　EF58

向日町(操)　新大阪　下関

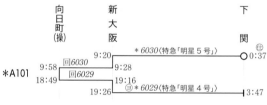

＊A101　9:58　回6030　9:20　＊6030〈特急「明星5号」〉　⊕0:37
9:28
18:49　回6029　19:16　＊6029〈特急「明星4号」〉　3:47
19:26

昭和52（1977）年8月13日　荷4047列車　EF58 72〔長岡〕＋荷物車・郵便車　信越本線 直江津

昭和52（1977）年7月21日　駅構内入換運転（123列車機関車交換）　EF58 73〔宇〕　東北本線 黒磯

昭和59 (1984) 年 1 月16日　102列車：急行「八甲田」　EF58 XX〔宇〕＋盛アオ スニ41・12系　東北本線 久喜〜白岡

昭和53（1978）年10月　802列車：急行「天の川」　EF58 107〔長岡〕＋新ニイ スユ16・北オク20系寝台車　東北本線 赤羽〜尾久

昭和53（1978）年10月　402列車：急行「津軽２号」　EF58 84〔宇〕＋10系寝台車・スロ62・12系　東北本線 赤羽〜尾久

昭和53（1978）年10月　804列車：急行「鳥海」　EF58 134〔高二〕＋荷物車・10系寝台車・旧型客車　東北本線 赤羽〜尾久

昭和53（1978）年10月　3604列車：急行「能登」　EF58 106〔長岡〕＋金サワ スニ41・10系寝台車・旧型客車　東北本線 赤羽〜尾久

昭和53（1978）年10月　6404列車：急行「おが４号」　EF58 123〔宇〕＋10系寝台車・旧型客車　東北本線 赤羽～尾久

昭和53 (1978) 年10月　406列車：急行「津軽4号」　EF58 73〔宇〕＋荷物車・スロ62・10系寝台車・12系　東北本線 赤羽～尾久

昭和53（1978）年10月　回3614列車（「能登」回送）　EF58 106〔長岡〕＋金サワ旧型客車・10系寝台車・スニ41　東北本線 尾久～赤羽

昭和57（1982）年5月　回1942列車　EF58 148〔東〕＋南シナ スハフ42　東北本線 鶯谷〜日暮里

昭和52（1977）年10月8日　9115列車：急行「銀河52号」　EF58 88〔東〕＋14系座席車　東海道本線 東京

昭和53（1978）年7月　荷31列車　EF58 26〔浜〕＋荷物車・郵便車　東海道本線 大井町～大森

昭和50年3月改正時のEF58②

　昭和50（1975）年3月10日全国ダイヤ改正時の東海道・山陽本線におけるEF58の定期列車運用は、図表6（32～36頁）に示したとおり、浜松機関区、米原機関区、宮原機関区、広島機関区の4区で分担する格好となっていた。各区の運用（仕業）表を読み込めば、それぞれ仕事ぶりの特徴というのが見えてくる。

　まずは浜松機関区。ここのEF58は、とにかくロングランが目立つ。荷物列車の牽引で汐留～下関間約1,100キロ強を一気に走り通す運用が、下り荷33列車、荷35列車、上り荷30列車と3本もあるから、仕事はじつにハードである。運転時刻を見れば、たとえば荷30列車の場合、下関を早朝5時13分に出発して、汐留到着は翌朝4時41分。ほぼ丸一日、走りっぱなし。ご苦労様である。

　これと対照的なのが宮原機関区のEF58。荷物列車を牽く運用が多いわりには、汐留～下関間を走り通すロングランはなく、最長は上り荷32列車と同荷36列車の広島～汐留間牽引。両列車ともに呉線経由というのがご愛敬か。宮原のEF58で意外なことは、昭和50年3月改正時点では、山陽本線の定期特急牽引が上り44列車「あかつき2号・明星3号」の1本に限られる点（急行列車の牽引こそ多いが）。米原機関区と広島機関区のEF58が、山陽路の特急牽引の重責を主に担っていた次第。

　米原と広島のEF58は、定期列車では東京に姿を見せないという共通点もあった（くどいようだが昭和50年3月改正時点）。まあ、広島のEF58は季節列車（主に創価学会関連の団体専用列車）の牽引で品川まで運用が一応設定されていたから、臨時列車でしか上京してこなかった米原のEF58に比べると、関東の趣味人には幾許か馴染みがあった。

昭和53（1978）年7月　6102列車・急行「銀河51号」　EF58 49〔東〕＋14系座席車　東海道本線 大森〜大井町

昭和59（1984）年1月15日　荷32列車　EF58 156〔浜〕＋荷物車・郵便車　東海道本線 大磯

昭和59（1984）年1月15日　荷33列車　EF58 XX〔浜〕＋荷物車・郵便車　東海道本線 早川〜根府川

昭和59（1984）年1月15日　9103列車　EF58 88〔東〕＋南シナ14系欧風客車（サロンエクスプレス東京）　東海道本線 根府川〜真鶴

昭和59（1984）年1月22日　回7111列車（転属回送）　EF58 68〔東〕＋マニ50　東海道本線 根府川〜真鶴

昭和50年3月改正時のEF58③

　図表6（32〜36頁）で広島機関区「EL 2組」のEF58運用（仕業）表を見ると、荷物列車を牽いて、まず広島から下関へ行き、寝台特急牽引で下関〜新大阪〜向日町（操）間を2往復、その後に荷物列車牽引で下関から広島へ戻る、といった運用が2セットあることが

わかる。当時、冬期に運用最終段階の下関から広島への荷物列車牽引で若干の問題が生じたという。

　昭和50（1975）年3月改正時、広島のEF58が牽引する寝台特急の客車は、1002・1001列車「安芸」が20系寝台車、3006列車「彗星2号」、34列車「明星4号・あかつき3号」、33列車「明星5号・あかつき2号」、26・25列車「明星2号」が24系25形寝台車、43列車「あか

つき3号・明星6号」が14系寝台車であった。ご承知のように、いずれも冬期にEF58がSG（蒸気発生装置）を使用しなくてもよい客車である。

　一方、寝台特急牽引前後の仕事である広島〜下関間の荷物列車牽引では、SGを使用する（荷物列車といえども、一部の荷物車には荷扱専務車掌および運転車掌が乗務し、郵便車には鉄道郵便局の職員が乗っていたので暖房

昭和59（1984）年1月15日　9023列車：特急「踊り子55号」　EF58 14〔東〕＋南シナ14系座席車　東海道本線 湯河原～熱海

が必要）。それがちょっと、まずいことをもたらした。

　振り出しの広島～下関間でSG使用の後、下関～新大阪～向日町（操）間をSG不使用で2往復もすれば、EF58の送気管の中は、残り蒸気から生じた水がカチンカチンに凍りつくだろう。運用最終段階の下関から広島までの荷物列車牽引時に起こるSGトラブルの原因となるのであった。

　ところで広島機関区のEF58は、創価学会関連の団体専用列車などの季節列車で品川までやって来たという話をした（49頁）。実は当時、東京機関区のEF58は、同学会御用達の季節列車・臨時列車の牽引が主たる仕事であった。当該列車は「創価臨」「創臨」などと呼ばれ、定期列車並みに頻繁に運転されていた（東日本方面からの列車は身延線富士宮までの直通が多く、西日本方面から

の列車は富士での乗降が一般的であった）。昭和50年3月改正時、定期列車といえば、品川～尾久（操）間の回送列車しかなかった東京機関区のEF58が10両もの配置をみたからくりは、こういう次第である。

昭和52（1977）年12月28日　荷42列車　EF58 167〔浜〕＋荷物車・郵便車　東海道本線 豊橋

昭和59（1984）年1月29日　8101列車　EF58 68〔東〕＋静ヌマ12系和式客車〈いこい〉　東海道本線 大津

昭和59 (1984) 年1月29日　荷37列車　EF58 12〔東〕＋荷物車・郵便車　東海道本線 京都

昭和59（1984）年1月29日　荷2030列車　EF58 163〔浜〕＋荷物車・郵便車　東海道本線 京都

昭和59 (1984) 年1月29日　回5006列車 (「つるぎ」回送)　EF58 146〔宮〕＋大ムコ24系25形寝台車　東海道本線 高槻〜山崎

昭和59（1984）年1月29日　502列車：急行「きたぐに」　EF58 XX〔米〕＋大ミハ スユ16・14系座席車・14系寝台車　東海道本線 山崎～高槻

昭和58（1983）年12月29日　回5006列車（「つるぎ」回送）　EF58 101〔宮〕＋大ムコ24系25形　東海道本線 大阪

昭和58（1983）年12月29日　502列車：急行「きたぐに」　EF58 118〔米〕＋大ミハ スユ16・14系座席車・14系寝台車　東海道本線 大阪

昭和52（1977）年8月16日　列車番号不明（山陰本線「丹後53号」用客車回送）　EF58 83〔宮〕＋大ミハ旧型客車・10系座席車　東海道本線 大阪

昭和52（1977）年8月14日　荷41列車　EF58 67〔浜〕＋荷物車・郵便車　山陽本線 姫路

昭和55（1980）年9月21日　荷39列車　EF58 36〔米〕＋荷物車・郵便車　山陽本線 姫路

昭和58（1983）年12月29日　荷39列車　EF58 113〔米〕＋荷物車・郵便車　山陽本線 岡山

昭和58（1983）年12月29日　駅構内入換運転（荷39列車より四国行車両の切り放し）　EF58 146〔宮〕＋荷物車・郵便車　山陽本線 岡山

昭和58（1983）年12月31日　荷30列車　EF58 100〔宮〕＋荷物車・郵便車　山陽本線 笠岡

昭和58（1983）年12月29日　荷39列車　EF58 113〔米〕＋荷物車・郵便車　呉線 三原〜須波

昭和58年10月当時の惨状

　昭和50年代のEF58一族の衰退ぶりは、「緒言」で説明した。79・80頁に昭和58（1983）年10月1日時点のEF58配置状況と運用（仕業）表があるので、まずはご覧いただきたい（図表8・9）。図表4（30頁）、図表6（32〜36頁）と見比べれば、"衰退ぶり"をさらに実感なされよう。長岡運転所と下関運転所ではEF58の配置が無くなり、高崎第二機関区、広島機関区はかろうじて配置があるものの臨時用で、検査期限がくればお陀仏の運命だった。

　運用（仕業）を見ても定期の優等旅客列車の牽引は、急行「八甲田」「津軽」の上野〜黒磯間、急行「ちくま3・4号」の大阪〜名古屋間、急行「きたぐに」の大阪〜米原間だけ。ずいぶんと落ちぶれたものである。ただ、昭和57（1982）年の暮れ以降、東京機関区のEF58は東京〜伊東・伊豆急下田間の臨時特急「踊り子」を牽引する機会が増える。臨時ながらも一応は特急仕業

である。やはり"腐っても鯛"ということなのか。

　余談だが、EF58の伊豆急行線入線では、伊豆急行の運転士が特訓により同機の運転法を身に付けた。ご承知のように、「電車」と「電気機関車」とでは運転の仕方がかなり違う。「電車」列車が中心の伊豆急行にもED25という電機があり、貨物列車を牽いていたが、大型の国鉄電機ともなれば、勝手が違うだろう。指名を受けた同社の運転士は、まず東京機関区に赴き、現車を確認しながら講習を受けた。次いで伊豆急行線内でEF58の習熟運転を繰り返し、腕を磨いていったという。

　閑話休題、図表6（32〜36頁）と図表9（79・80頁）を見比べれば、悲観したくもなろうが、米原機関区のEF58が汐留まで定期的に来るようになった福音もある。右下の図表7は昭和58（1983）年10月1日時点のEF58運用区間（定期・季節列車）だが、こちらも30頁の図表5と比較して、高崎線、上越線、信越本線、羽越本線が消えた反面、武蔵野線、山手線（貨物線）、紀勢本線など新たな活躍舞台が見てとれる。

図表7　昭和58年10月1日時点のEF58運用線区

※定期列車、季節列車の運用区間を示す。

昭和52（1977）年8月17日　荷40列車　EF58 27〔浜〕＋荷物車・郵便車　山陽本線 広島

昭和53（1978）年1月1日　荷41列車　EF58 52〔浜〕＋荷物車・郵便車　山陽本線 広島

昭和53（1978）年1月1日　1002列車：特急「安芸」　EF58 62〔広〕＋広セキ24系25形寝台車　山陽本線 広島

昭和58（1983）年12月30日　荷39列車　EF58 36〔米〕＋荷物車・郵便車　山陽本線 広島

昭和58（1983）年12月30日　荷2031列車　EF58 150〔宮〕＋荷物車・郵便車　山陽本線 広島

昭和59（1984）年1月1日 荷3S列車 EF58 XX〔浜〕＋荷物車・郵便車 山陽本線 富海〜防府

昭和59（1984）年1月1日　荷33列車　EF58 166〔浜〕＋荷物車・郵便車　山陽本線 小郡（現・新山口）～嘉川

図表8　昭和58年10月1日時点のEF58配置表

高崎鉄道管理局 高崎第二機関区〔高二〕

130　133　134　137　（計4両）

東京北鉄道管理局 宇都宮運転所〔宇〕

84　85　89　102　103　106　109　114　116　122

141　144　145　151　154　168　172　（計17両）

東京南鉄道管理局 東京機関区〔東〕

12　14　61　68　88　124　129　148　（計8両）

静岡鉄道管理局 浜松機関区〔浜〕

1　5　91　93　94　142　155　156　157　158

159　160　161　162　163　164　165　166　167　169

（計20両）

名古屋鉄道管理局 米原機関区〔米〕

36　74　77　96　111　112　113　118　（計8両）

大阪鉄道管理局 宮原機関区〔宮〕

44　45　48　56　98　100　101　125　126　127

128　138　140　143　146　150　171　（計17両）

天王寺鉄道管理局 竜華機関区〔竜〕

39　42　66　99　139　147　149　170　（計8両）

広島鉄道管理局 広島機関区〔広〕

38　63　（計2両）

図表9　昭和58年10月1日時点のEF58運用（仕業）表

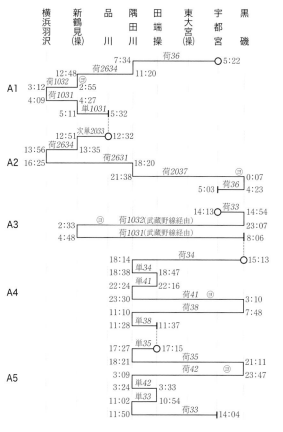

宇都宮運転所

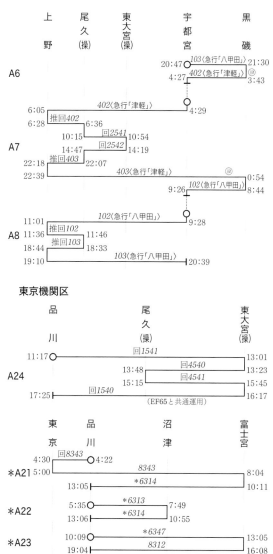

東京機関区

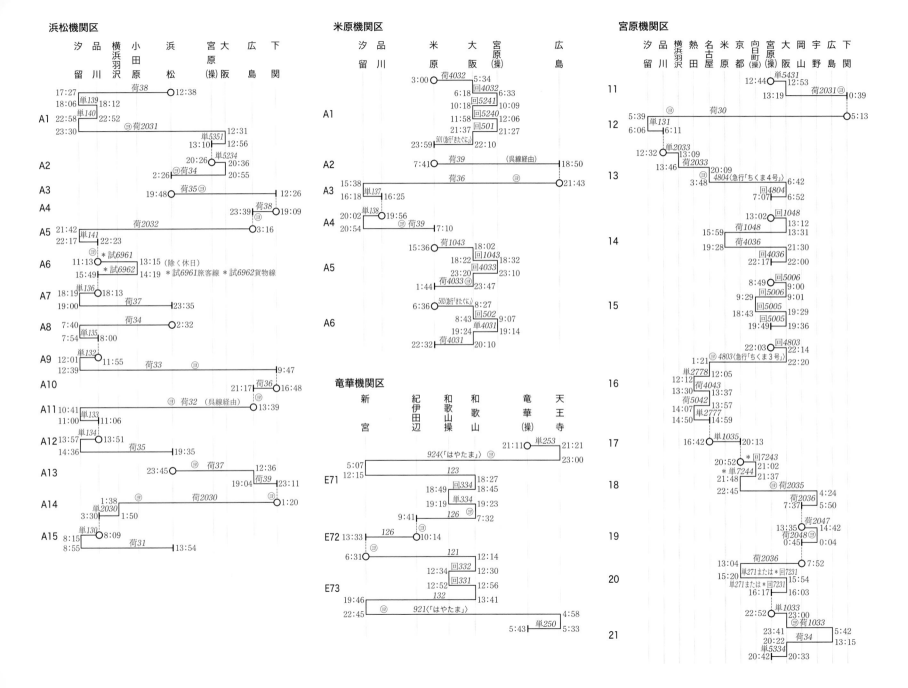

昭和59（1984）年3月25日　荷35列車　EF58 68〔関〕〔東〕より貸渡）＋荷物車・郵便車　東海道本線 沼津

昭和59年2月改正とEF58の代走劇

"壇ノ浦"こと昭和59（1984）年2月1日の全国ダイヤ改正が、EF58一族にトドメをさしたことは、「緒言」でふれたとおり。檜舞台は東海道・山陽本線においての定期運用消滅は、まさしく痛恨の一撃であった。

さて、同改正より約2ヵ月間、東京機関区、浜松機関区、米原機関区、宮原機関区配置のEF58のうち、状態が良好な26両が下関運転所に集結（転属）して、後釜EF62の運用（図表10）を代走した話も、すでにご案内済み。第三幕では、その下関のEF58選抜チームの短い活躍を時系列でたどる。

選抜チームのメンバーは、東京出身が129号機1両、浜松出身組が91・94・142・155・156・157・158・164号機の8両、米原出身組が36・77・96・111・113・118号機の6両、宮原出身組が44・45・48・56・100・101・125・128・138・146・171号機の11両。さらに東京の68号機と米原の112号機も下関運転所への貸渡で、あとから戦列に加わった。

ところで今回の改正では、EF58の後継機としてEF65 1000番台ではなく、EF62が選ばれた。なぜ平坦線の東海道・山陽本線に、どうみても場違いな中古の山男（勾配線向け）のEF62が投入されたのであろうか。それには、荷物列車の牽引機置き換えに対する特別な事情が絡む。そう、お察しのとおり、EF65 1000番台に牽かせた場合、冬期は荷物車・郵便車が暖房なしとなってしまう。EF62ならば、電気暖房用の電動発電機（MG）を搭載している（MGはインバータ装置EGと同様、客車に電気暖房用の単相交流1500Vを供給する）。

東海道・山陽本線を走る荷物列車に運用の荷物車・郵便車は従来、蒸気暖房であった。しかし、昭和50年代に在来車改造やマニ50形、マニ44形、スユニ50形などの新車増備が進んだことから、昭和59年2月改正時点では、運用車の大多数が蒸気暖房・電気暖房併用の2000番台となっていたのである。そこで、信越本線（山線）の貨物列車削減から大量の余剰車が生まれるEF62を活用し、東海道・山陽本線の荷物列車の電気暖房化を実現することとなった次第である。

図表10　昭和59年2月改正時の下関運転所EF62運用（仕業）表

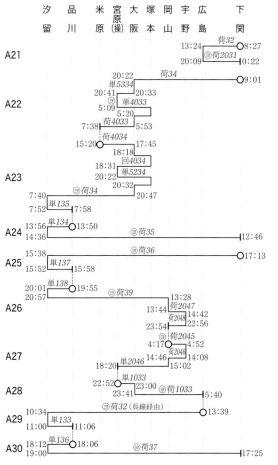

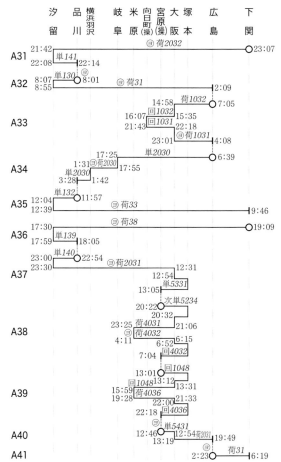

EF62は勾配線向けの電気機関車だが、べつに平坦線を走れないわけでもないし、最高速度95km/hの荷物列車ならば、寝台特急牽引（最高速度110km/h）ほどの高速性能も要求されない。当時の国鉄は赤字続きで、車両の新製予算も削られていた。まさに一石二鳥である。

ただ、EF62の転用には課題があった。それは何か。ダイヤ改正の前日までEF62は信越本線で仕事をせねばならず、東海道・山陽本線での所要数26両を一気に下関へ回送することなど不可能である。そして、EF62はこれまで東海道・山陽本線ではまったく馴染みのない機関車であり、さらに汐留～下関間という1,000キロを越える運用区間ゆえ、改正後に関わる機関区・運転所も数が多い。当該区所の機関士や検査要員への教育・訓練には相応の時間を要するであろう。

そこで編み出されたのが、改正の日から3月末までの約2ヵ月間、EF58選抜チームにEF62運用を代走させるという手であった。その代走期間中に、各区所へEF62の現物を送り込み、準備を整えるという戦術である。

昭和59（1984）年2月4日　荷36列車　EF58 45〔関〕＋荷物車・郵便車　東海道本線 真鶴～根府川

昭和59（1984）年2月11日　荷31列車　EF58 138〔関〕＋荷物車・郵便車　東海道本線（貨物支線）東京貨物ターミナル

昭和59（1984）年2月11日　荷33列車　EF58 111〔関〕＋荷物車・郵便車　東海道本線 大森〜蒲田

昭和59（1984）年２月11日　荷38列車　EF58 56〔関〕＋荷物車・郵便車　東海道本線（貨物支線）横浜羽沢〜鶴見

昭和59 (1984) 年 3 月 3 日　荷31列車　EF58 138〔関〕＋荷物車・郵便車・マヤ34　東海道本線 由比～興津

昭和59 (1984) 年3月3日　荷35列車　EF58 171 〔関〕＋荷物車・郵便車　東海道本線 根府川

昭和59（1984）年3月4日　荷36列車　EF58 101〔関〕＋荷物車・郵便車　東海道本線 吉原〜東田子の浦

昭和59（1984）年3月4日　荷33列車　EF58 158〔関〕＋荷物車・郵便車　東海道本線 東田子の浦〜吉原

昭和59（1984）年3月5日　荷31列車　EF58 129〔関〕＋荷物車・郵便車　東海道本線 東田子の浦〜吉原

昭和59（1984）年3月11日　荷36列車　EF58 56〔関〕＋荷物車・郵便車　東海道本線 吉原〜東田子の浦

昭和59（1984）年3月11日　荷33列車　EF58 146〔関〕＋荷物車・郵便車　東海道本線 東田子の浦～吉原

昭和59（1984）年3月11日　荷35列車　EF58 112〔関〕（〔米〕より貸渡）＋荷物車・郵便車　東海道本線 沼津

昭和59 (1984) 年 3 月18日　荷38列車　EF58 125〔関〕＋荷物車・郵便車　東海道本線 新居町～弁天島

国鉄における荷物・郵便輸送略史

国鉄の物品運送業務は、大量輸送分野は貨物列車、小量輸送分野は荷物列車、という具合に分けられた。管轄は前者が貨物局、後者が旅客局であった。これには、荷物営業のルーツが、旅客営業に付帯する手荷物取扱に端を発することが関係している。

明治5（1872）年の新橋・横浜間鉄道の開通時、旅客列車で同時輸送を行う手荷物輸送がスタートする。そして翌年には、その輸送余力を活用して、一般小量物品営業を行う小荷物制度が発足した。こうした経緯から、小荷物輸送は以降も一貫して旅客列車が担うこととされた。これは後述の郵便輸送も同様であった。

当初は客車の一角に荷物室を設けていたが、扱い量が増えるにつれ対応しきれなくなり、客車を改造した荷物車が登場する。まあ、荷物車も旅客列車に連結しての運用だから"旅客列車による輸送"の原則は崩れていない。昔は、どこの駅にも秤（はかり）が置かれていたとおり、荷物の受け渡し窓口は旅客駅であることから、取り扱いの簡便性と、旅客列車での輸送による高頻度性、速達性、時間的確実性が高い評価を得る。「手荷物」は"チッキ"、「小荷物」は"客車便"と呼ばれ、国民に親しまれていくのであった。

ただ、旅客列車による輸送ゆえに、重い荷物、大きい荷物は取り扱えないという欠点もある。よって、1個の重量が30kg以内、3辺の合計が2m以内の荷物が扱い対象とされ、運賃個建制（こだて）を原則とした営業体制が続けられていく（運賃個建制については、戦後はやや緩和され、一部で総重量制も取り入れられる）。

昭和30年代に入ると、動力近代化による列車の電車化、気動車化が強力に推し進められ、荷物輸送を続けるうえで多少の不都合が生じてきた。そう、荷物車を連結する客車列車が減ってしまったのである。対策と

して、一部で電車・気動車の荷物車も登場させるが、今度はスピードアップの要請から、駅における荷扱い時間の設定が困難になるという問題も出はじめた。加えて、旅客の移動に好都合な時間帯に列車設定を行えば、荷物の集配に支障が出るという問題も抱えていた。

そこで、諸問題解決のため設定されたのが、荷物車・郵便車のみで1本の列車を仕立てる荷物専用列車である。旅客列車の荷物車併結は、最盛期には約3,000本を数えたが、以上の経緯から昭和43（1968）年10月ダイヤ改正では1,300本、昭和47（1972）年10月改正では1,000本を割るまでに減少した。代わって幹線では荷物専用列車が増発され、さらに急行列車の電車・気動車化や新幹線開通による在来線優等列車自体の廃止などから、「急行荷物列車」の設定も行われる。一方で、東京駅代替の汐留駅、上野駅代替の隅田川駅、名古屋駅代替の熱田駅、門司・小倉駅代替の東小倉駅など拠点駅の客貨分離も進んだ。

荷物輸送の合理化については、荷物専用列車化により編成内の荷物車個々で使命を分けるとともに、積載荷物の着地ブロック単位での分別や、荷扱い区間の限定などによって荷扱専務車掌が乗務しない締切車（貨車風のパレット輸送車が代表例）を増やす戦略がとられた。積み降ろし作業の軽減と、効率化をねらった策であった（図表11参照）。

だが、しかし、民間事業者の宅配便ほかの猛威にはかなわず、昭和61（1986）年11月1日のダイヤ改正（国鉄最後の全国ダイヤ改正）で荷物輸送は大幅撤退を余儀なくされる。荷扱い量の著しい減少から貨物輸送に統合したのである。結果、荷物専用列車と旅客列車連結の荷物車による小荷物輸送は、総武本線両国駅発の房総方面への新聞夕刊輸送列車を除き廃止となった。なお、旅客列車の客室に積み込む新聞夕刊輸送は、全国規模で残っている。

国鉄荷物輸送の変わり種としては、昭和61年11月改正でも廃止をまぬがれた寝台特急電源車の荷物室を利用する「列車指定荷物」（ブルートレイン便）と、新幹線車両の業務室活用の「RAILGOサービス」（レール・ゴー）が知られる。また、夜行急行列車に連結の荷物車による新聞朝刊（あさかん）輸送も一世を風靡したが（図表12参照）、こちらは残念ながら姿を消した。国鉄末期には、朝刊輸送廃止のあおりで利用者が低迷していた夜行急行が淘汰（とうた）される。

次に国鉄と郵便輸送の関わりについて。我が国の郵便事業は明治4（1871）年に創始され、同年4月から東京～大阪間で輸送を開始した。そして、翌明治5年5月7日に品川～横浜間で鉄道が仮開業すると（新橋～横浜間本開業は旧暦〔太陰太陽暦〕で9月12日、新暦〔グレゴリオ暦〕で10月14日）、さっそく、その客車の一室を「行路郵便役所」（トラベリング・ポストオフィス）と命名し、郵便物の積載を始める。以降、鉄道が延長されるたびに、官設鉄道、私設鉄道を問わず、次々と郵便路線に組み込まれていった。

明治25（1892）年4月からは、列車内で郵便物の区分け作業も行われる。鉄道郵便路線の拡大による扱い数の増加から、郵便物をただ輸送するだけでは追いつかなくなったための措置であった。これにより、郵便車内に"区分棚"などが備えられていく。

明治36（1903）年には、鉄道郵便路線を管理・運営する鉄道郵便局が独立した機関として設けられるも、行政改革によりすぐに消え、再発足したのは明治43（1910）年4月であった。このとき開設の鉄道郵便局は、札幌・東京・長野・名古屋・金沢・大阪・神戸・広島・熊本の9局で、それ以外に仙台鉄道船舶郵便局も存在した（「船舶」は、運営・管理する郵便路線に青函航路が含まれるため）。仙台・東京・神戸・熊本の4局は、格付けが東京中央郵便局、大阪中央郵便局と同じ一等郵便局であった。鉄道郵便が郵便輸送において重要な地位に置

かれていたことの証左といえよう。以降も、旭川・青森・新潟・米子・高松の各鉄道郵便局が開設され、鉄道が郵便輸送の主力を務める体制が確立される。

ところが、時代は下って昭和30年代に入ると、モータリゼーションの進展から、郵便輸送の主力は自動車輸送へと移り変わり、昭和34年度には延長距離（単キロ程）において自動車郵便路線が鉄道郵便路線を上回る。また、航空郵便路線も増加の一途をたどった。

国鉄の昭和59（1984）年2月ダイヤ改正時には、郵便輸送の大幅改善が断行され、鉄道郵便局は業務を縮小。続いて昭和60年3月、一部の鉄道郵便局が廃局に追い込まれる。その流れは止まらず、国鉄の昭和61（1986）年11月1日改正1ヵ月前の10月1日、ついに鉄道郵便局は全面廃止となった。当然ながら、鉄道の郵便車も全車運用を終える（国鉄所有の郵便・荷物合造車は一部が事業用車に転用されたが、郵便車は郵政省所有のため、新しい車両でも廃車処分となった）。これ以降の鉄道による郵便輸送は、貨物列車のコンテナ輸送が少し残る程度であった。

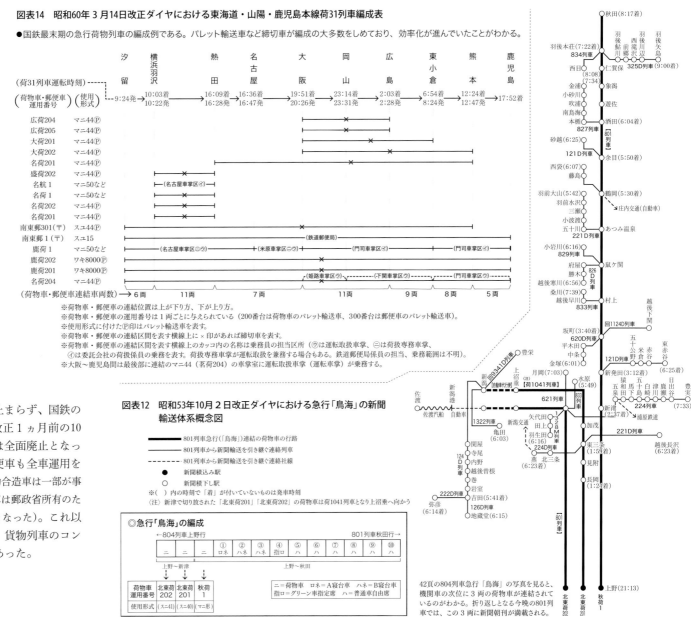

図表14　昭和60年3月14日改正ダイヤにおける東海道・山陽・鹿児島本線荷31列車編成表

●国鉄最末期の急行荷物列車の編成例である。パレット輸送車など締切車が編成の大多数をしめており、効率化が進んでいたことがわかる。

※荷物車・郵便車の連結位置は上が下り方、下が上り方。
※荷物車・郵便車の運用番号は1両ごとに与えられている（200番台は荷物車のパレット輸送車、300番台は郵便車のパレット輸送車）。
※使用形式に付けた(P)印はパレット輸送車を表す。
※荷物車・郵便車の連結区間を表す横線上に×印があれば締切車を表す。
※荷物車・郵便車の連結区間を表す横線上のカッコ内の名称は乗務員の担当区所（⑦は運転取扱車掌、〓は荷扱専務車掌、⑦は委託会社の荷扱係員の乗務を表す。荷扱事務車掌が運転取扱を兼務する場合もある。鉄道郵便局係員の担当、乗務範囲は不明。
※大阪〜鹿児島間は最後部に連結のマニ44（名荷204）の車掌室に運転取扱車掌（運転車掌）が乗務する。

図表12　昭和53年10月2日改正ダイヤにおける急行「鳥海」の新聞輸送体系概念図

── 801列車急行（「鳥海」）連結の荷物車の行路
━━ 801列車から新聞輸送を引き継ぐ連絡列車
---- 801列車から新聞輸送を引き継ぐ連絡社線
● 新聞積込み駅
○ 新聞積下し駅
※（　）内の時刻で「着」が付いていないものは発車時刻
〔注〕新津で切り放された「北東荷201」「北東荷202」の荷物車は荷1041列車となり上沼垂へ向かう

◎急行「鳥海」の編成

42頁の804列車急行「鳥海」の写真を見ると、機関車の次位に3両の荷物車が連結されているのがわかる。折り返しとなる今晩の801列車では、この3両に新聞朝刊が満載される。

昭和59（1984）年3月18日　荷33列車　EF58 142〔関〕＋荷物車・郵便車　東海道本線 新所原〜二川

昭和59（1984）年3月19日　荷36列車　EF58 129〔関〕＋荷物車・郵便車　東海道本線 近江長岡〜柏原

昭和59（1984）年3月19日　単2030列車　EF58 150〔宮〕（〔関〕仕業の代走）　東海道本線 近江長岡〜柏原

昭和59（1984）年3月19日　荷33列車　EF58 111〔関〕＋荷物車・郵便車　東海道本線 岐阜

下関のEF58、代走の終わり

EF58代走時の珍風景を一席。昭和50年代は"ブルートレイン"ブームの最中だったが、名撮影地の根府川界隈（かいわい）では、「みずほ」「さくら」などが午前中に次々と上ってきたが、趣味人はそれらには目もくれず、西へと下る荷31列車を待ち構えて山脈を成していた。

図表10（82頁）を見ると、EF62の運用は尋常ではない。年老いたEF58には辛かろうと心配する向きも多かったが、やはり故障機が続出した。45号機と100号機は走行不能となる故障のため2月中に運用を離脱。既述の68号機と112号機の助っ人はその代替機であった。改正後も臨時用として東京機関区と宮原機関区に残ったEF58が、急遽（きゅうきょ）、荷物列車牽引に駆り出される事態も生

じている。61・93・126・127・150号機である。この冬は実に寒かった。SG故障で暖欠となった荷物列車まであったと聞く。しかし、やがて春は訪れた。下関運転所のEF58は、竜華機関区（りゅうげ）に転属した44号機を除き、永劫（えいごう）の眠りについた。

101

昭和59（1984）年3月25日　荷32列車　EF58 157〔関〕＋荷物車・郵便車　東海道本線 小田原

昭和59（1984）年3月25日　荷31列車　EF58 164〔関〕＋荷物車・郵便車　東海道本線 沼津〜原

昭和59（1984）年３月25日　荷36列車　EF58 142〔関〕＋荷物車・郵便車　東海道本線 原〜沼津

昭和59（1984）年3月25日　荷33列車　EF58 128〔関〕＋荷物車・郵便車　東海道本線 原

昭和59 (1984) 年3月26日　荷33列車　EF58 77〔関〕＋荷物車・郵便車　東海道本線 根府川～真鶴

昭和59（1984）年7月1日　荷2634列車　EF58 154〔宇〕＋ワサフ8000（荷貨共用車）・マニ44　山手線 大崎

宇都宮運転所EF58の昭和59年2月改正以降

　第四幕では、昭和59（1984）年2月1日ダイヤ改正以降も定期仕業が残った宇都宮運転所のEF58について、その最後の活躍ぶりを時系列で眺めていく。

　改正後の同所のEF58稼動機は、89・103・109・114・116・122・141・145・151・154・168・172号機の12両。ただし、109号機は同年の夏に運用を離脱する。

　全車がEG機であり、そのため、車体側面の「電気暖房車側表示灯」が目立っていた（暖房使用期間中は客車への通電時に消灯）。前面窓は各機Hゴム支持で、89号機と122号機以外は「デフロスター」（前面窓ガラスの氷着や曇りを防ぐ）を装備する。なお、当時の宇都宮運転所で唯一、前面窓に「つらら切り」を備える89号機は、東京北鉄道管理局の粋な計らいから、59年夏の全般検査の際（大宮工場で実施）、車体塗色が「ぶどう色2号」（茶色）に復刻された（この時代のEF58の車体標準色は「青15号」に前面下部に「クリーム色1号」。「つらら切り」は寒冷地のトンネル内の"つらら"から前面窓ガラスを保護する庇状のもの。上越線が主たる運用区間だった長岡運転所と高崎第二機関区のEF58には必須の装備であった）。

　図表13は、昭和59年2月改正時の宇都宮運転所EF58の運用（仕業）表である。前半は荷物列車の牽引ばかりだが、後半では急行旅客列車牽引という華がしっかりと用意されている。客車は、103列車（急行「八甲田」）が青森運転所の12系座席車、402列車（急行「津軽」）が尾久客車区の14系寝台車＋14系座席車、6401列車（季節列車の急行「おが」）が尾久客車区の20系寝台車と役者は多彩、趣味人を十分に楽しませてくれた。

　前半の荷物列車牽引で注目すべきは、荷2045列車〜荷2032列車での高崎往復。高崎線におけるEF58の定期仕業は久しぶりで、高崎第二機関区のEF58が定期仕業

を失って以来のことである。もっとも、デジカメなどない時代ゆえ、深夜帯の運転という点が残念であった。下り2045列車は高崎から信越本線方面へと向かう列車（直江津行）、荷2032列車は上越線からやって来る列車（上沼垂始発）だった。

　東北本線では、午前中の撮影に好都合な時間帯に荷1036列車（秋田始発）と荷38列車（青森始発）の2本が

上ってくるのが見所である。前者は5両と編成は短かったが、奥羽本線を通ってくるので、冬季は荷物車・郵便車に雪がびっしりとこびり付いていた。

　隅田川発横浜羽沢行（山手貨物線経由）の荷2634列車は都内で気軽に写せたため、まさに"昼のプレゼント"であった。東海道本線からEF58の定期仕業が消滅したあと、趣味人の空虚感を慰めてくれた。ただ、基本的

図表13　昭和59年2月改正時の宇都宮運転所EF58運用（仕業）表

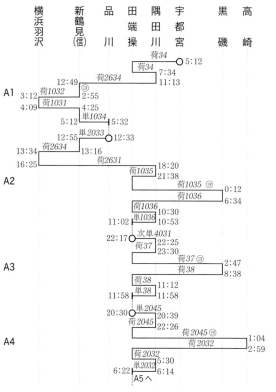
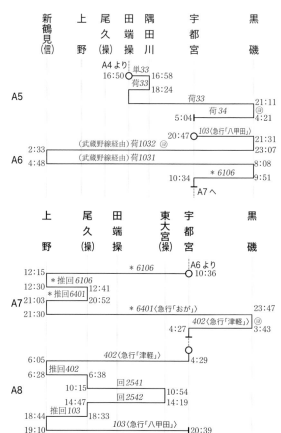

にはワサフ8000（荷貨共用車）1両とマニ44の2両による3両編成で、いささかの物足りなさは否めなかった。

その荷2634列車は、新鶴見信号場で宇都宮のEF58同士による機関車交換が行われる。新鶴見（信）〜横浜羽沢間を担当するEF58は、品川から単2033列車で同信号場までやって来る。東海道本線貨物支線（品鶴線）の蛇窪信号場（大崎駅構内扱い）以南では、荷2634列車の6分後を追いかけていくのが実に珍妙に見えた。

昭和59（1984）年4月15日　推回402列車（「津軽」回送）　EF58 103〔宇〕＋北オク14系寝台車・14系座席車　東北本線 鶯谷

昭和59（1984）年４月15日　回2542列車　EF58 103〔宇〕＋北オク マニ36　東北本線 東大宮（操）

昭和59 (1984) 年4月29日 荷38列車 EF58 114 [宇] +荷物車・郵便車 東北本線 赤羽～東十条

昭和59 (1984) 年 4 月29日　荷2634列車　EF58 109〔宇〕＋ワサフ8000 (荷貨共用車)・マニ44　山手線 目黒～五反田

昭和59（1984）年7月7日　荷1036列車　EF58 151〔宇〕＋荷物車・郵便車　常磐線（貨物支線）田端操～三河島

昭和59（1984）年7月7日　荷2634列車　EF58 154〔宇〕＋マニ44・ワサフ8000（荷貨共用車）　常磐線（貨物支線）三河島〜田端操

昭和59（1984）年7月8日　単2033列車　EF58 154〔宇〕　東海道本線 品川

昭和59 (1984) 年7月27日　8503列車　EF58 122〔宇〕＋名ナコ12系和式客車　山手線 目黒～恵比寿

昭和59（1984）年8月10日　6401列車：急行「おが」　EF58 141〔宇〕＋北オク20系寝台車　東北本線 上野

昭和59（1984）年8月11日　推回6106列車　EF58 116〔宇〕＋12系　東北本線 鶯谷

昭和59（1984）年 8 月19日　9406列車：急行「ばんだい56号」　EF58 172〔宇〕＋12系　東北本線 上野

昭和59 (1984) 年8月19日　回9105列車　EF58 114〔宇〕＋12系　東北本線 上野

昭和59（1984）年9月2日　荷2634列車　EF58 151〔宇〕＋ワサフ8000〔荷貨共用車〕・マニ44　山手線 目黒

昭和59（1984）年9月10日　402列車：急行「津軽」　EF58 145〔宇〕＋北オク14系寝台車・14系座席車　東北本線 日暮里

宇都宮運転所 EF58 の臨時仕業

　宇都宮運転所のEF58は、図表13（108頁）に示した定期仕業以外に、当然ながら臨時列車の牽引にもよく駆り出された。盆暮れの帰省需要による臨時急行列車はもちろんのこと、昭和59年当時は引く手あまたであっ

た団体貸切用の和式客車や欧風客車もよく牽いた。東海道本線を上ってきた団体列車の牽引を品川で引き継ぎ、山手貨物線経由で東北本線方面に向かう、あるいはその逆行程といった臨時仕業が多かったと記憶する。
　沼津客貨車区（静ヌマ）の和式客車「いこい」、名古屋客貨車区（名ナコ）の展望室付和式客車、長野運転

所（長ナノ）の和式客車「白樺」、宮原客車区（大ミハ）の欧風客車「サロンカーなにわ」、鳥栖客貨車区（門トス）の和式客車（山編成）などなど、錚々たる面々が宇都宮のEF58に牽かれて東北本線ほかを駆け抜けていった。関西や九州からの遠来の珍客は、日光線にまで入線した。よき時代であった。

昭和59（1984）年9月19日　回9512列車（お召訓練）　EF58 89〔宇〕＋南シナ14系座席車　山手線 田端操〜駒込

昭和59（1984）年9月23日　荷2631列車　EF58 116〔宇〕＋マニ44・ワサフ8000（荷貨共用車）　山手線 目白

昭和59（1984）年10月14日　9821列車　EF58 89〔宇〕＋仙コリ旧型客車　日光線 下野大沢〜今市

昭和59 (1984) 年10月25日　回9841列車　EF58 168 〔宇〕＋大ミハ14系欧風客車〈サロンカーなにわ〉　日光線 文挟〜下野大沢

昭和59（1984）年10月25日　9842列車　EF58 168〔宇〕＋大ミハ14系欧風客車〈サロンカーなにわ〉　日光線 日光

昭和59 (1984) 年11月7日　8507列車　EF58 89〔宇〕＋名ナコ12系和式客車　東海道本線 品川

昭和59（1984）年12月9日　回9746列車　EF58 151〔宇〕＋南シナ81系和式客車　東海道本線 小田原

昭和59（1984）年12月23日　回2542列車　EF58 145〔宇〕＋荷物車　東北本線 北浦和〜浦和

昭和59（1984）年12月29日　荷1036列車　EF58 172〔宇〕＋荷物車・郵便車　東北本線 蓮田〜東大宮

昭和59（1984）年12月29日　荷33列車　EF58 114〔宇〕＋荷物車・郵便車　東北本線 宇都宮

昭和59年の暮れは宇都宮のEF58総動員

　昭和59（1984）年の東北本線における年末帰省輸送は、宇都宮運転所のEF58が総動員された。翌昭和60年3月14日ダイヤ改正では、待ちに待った東北・上越新幹線上野開業の手筈であったが、59年の年末は両新幹線とも大宮が始発駅で、東北方面への帰省客の多くは在来線の夜行列車を頼りにしていた。当然、臨時夜行急行列車などの設定本数も多く、EF58はまさに息つく暇もなかった。

　たとえば昭和59年12月29日を見てみよう。まず午前中から昼にかけて、151号機は回8404列車（盛アオ12系×12両）、172号機は荷1036列車、141号機は荷38列車、103号機は回6106列車（仙セン12系×12両）をそれぞれ牽引して、さらに89号機は単8102列車となって、宇都宮のEF58たちは続々と東北本線を上野・隅田川へと上っていく。

　刮目（かつもく）すべきは当日の夜である。宇都宮駅の発車時刻を基準にEF58牽引列車を並べてみよう。振り出しは20時31分発の荷33列車青森行（定期列車）で114号機の牽引。次は20時47分発の急行103列車青森行「八甲田」

昭和59（1984）年12月29日　103列車：急行「八甲田」　EF58 145〔宇〕＋盛アオ12系・スニ41　東北本線 宇都宮

（定期列車、盛アオ12系×9両＋スニ41）。これは宇都宮駅で機関車を168号機から145号機に交換する。続くは21時44分発の急行8103列車青森・弘前行「八甲田53号・津軽53号」（臨時列車、盛アオ12系×12両）で151号機が牽く。お次の23時03分発は急行6401列車男鹿行「おが」（季節列車、北オク20系）で103号機。まだある。23時30分発の荷1035列車秋田行（定期列車）は116号機。

殿（しんがり）は0時30分発の急行8105列車盛岡・新庄行「いわて51号・ざおう61号」（臨時列車、仙セン12系×12両）で89号機の牽引ときた。

EF58が牽く列車だけを書き出しても、この本数である。これ以外にもEF65 1000番台牽引の下り定期急行「津軽」や臨時特急・急行があったし、もちろん寝台特急も「はくつる1号」「はくつる3号」「あけぼの1号」「あけぼの3号」「あけぼの5号」が北へと向かう。常磐線経由の特急・急行群だってある。どの旅客列車もふるさとをめざす人で満員御礼（おんれい）、荷物列車は土産やお歳暮などの荷物が満載であった。昭和59年の暮れ、夜行列車万歳である。

昭和59（1984）年12月29日　6401列車：急行「おが」　EF58 103〔宇〕＋北オク20系寝台車　東北本線 宇都宮

昭和59（1984）年12月30日　荷1031列車　EF58 145〔宇〕＋荷物車・郵便車　東北本線 氏家〜蒲須坂

昭和60（1984）年12月30日　回6106列車　EF58 145〔宇〕＋12系　東北本線 片岡〜蒲須坂

昭和60 (1985) 年 1 月 5 日　荷38列車　EF58 114〔宇〕＋荷物車・郵便車　東北本線 古河〜栗橋

昭和60（1985）年1月12日　荷38列車　EF58 141〔宇〕＋荷物車・郵便車　東北本線 片岡～蒲須坂

昭和60（1985）年1月12日　103列車：急行「八甲田」　EF58 116〔宇〕＋盛アオ12系・スニ41　東北本線 上野

昭和60（1985）年 1 月20日　9525列車　EF58 89〔宇〕＋南シナ81系和式客車　東北本線 野木〜間々田

昭和60（1985）年2月3日　荷1036列車　EF58 103〔宇〕＋荷物車・郵便車　東北本線 久喜～白岡

昭和60（1985）年2月9日　402列車：急行「津軽」　EF58 145〔宇〕＋北オク14系寝台車・14系座席車　東北本線 大宮

昭和60（1985）年2月9日　荷38列車　EF58 172〔宇〕＋荷物車・郵便車　東北本線 野崎〜矢板

昭和60 (1985) 年2月9日　9821列車　EF58 122〔宇〕＋北オク12系和式客車　日光線 今市～日光

昭和60（1985）年2月11日　荷38列車　EF58 116〔宇〕＋荷物車，郵便車　東北本線 片岡～蒲須坂

昭和60（1985）年2月24日　単9525列車　EF58 89〔宇〕　山手線 原宿

昭和60（1985）年3月3日　荷2045列車　EF58 154〔宇〕＋荷物車・郵便車　高崎線 高崎

昭和60（1985）年3月5日　9821列車　EF58 141〔宇〕＋門トス12系和式客車（山編成）　日光線 鶴田

昭和60（1985）年3月5日　回9841列車　EF58 145〔宇〕＋天リウ12系〈サイエンストレイン エキスポ号〉　日光線 鶴田

昭和60（1985）年3月31日　回9323列車　EF58 89〔田〕＋南シナ14系欧風客車〈サロンエクスプレス東京〉　常磐線（貨物支線）三河島～隅田川

昭和60年3月改正後の宇都宮のEF58

　昭和60（1985）年3月14日の全国ダイヤ改正では、宇都宮運転所のEF58は書類上、全機が田端機関区に転属する。残念ながら稼動機は89号機、122号機、141号機の3両に絞られ、ほかは廃車前提の休車がかかって、古巣の宇都宮運転所に留置された。稼動する3両も定期

仕業はなく、宇都宮運転所常駐で臨時仕業に勤しんだ。運用区間は黒磯以南の東北本線と高崎線、山手線（貨物線）、武蔵野線はもちろんのこと、東海道本線、横須賀線、伊東線、伊豆急行線などにも顔を出す。だが、翌昭和61年の春には、122号機と141号機は運用からはずれ、141号機はそのまま6月に廃車となってしまった。

　122号機のほうは"捨てる神あれば拾う神あり"で、10

月に静岡運転所に転属。昭和62年に入ると、静岡鉄道管理局絡みの臨時列車牽引に忙しくなる。89号機に関しては、配置先が田端機関区改め田端運転所の常駐となり、臨時列車やイベント列車牽引で活躍した。

昭和60（1985）年4月16日　回9621列車　EF58 122〔田〕＋南シナ81系和式客車　横須賀線 北鎌倉

昭和60（1985）年5月18日　8542列車　EF58 89〔田〕＋北オク14系座席車　東北本線 蓮田〜東大宮

昭和60(1985)年6月23日　9514列車　EF58 122〔田〕＋長ナノ12系和式客車〈白樺〉　東北本線 蓮田～東大宮

昭和60（1985）年７月12日　回9523列車　EF58 141〔田〕＋南シナ14系欧風客車〈サロンエクスプレス東京〉　山手線 新大久保

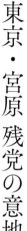

第五幕
東京・宮原 残党の意地

昭和60（1985）年２月17日　回9111列車　EF58 160〔東〕＋南シナ81系和式客車　東海道本線 有楽町

昭和59年2月改正後の東京機関区と宮原機関区のEF58

すでに述べたように、EF58一族にトドメをさした昭和59（1984）年2月1日の全国ダイヤ改正後も、同機は臨時用として東京機関区に3両、宮原機関区に3両が残存した。そのメンバーは、前者が61・93・160号機、後者が126・127・150号機で、すべてSG機である。趣味人が何かとこだわる前面窓は、61号機が原型大窓、93号機と160号機がHゴム支持なのに対し、宮原の3両はすべて原型小窓で、少ないながらも役者は揃っていた。

93号機と160号機は、この改正で浜松機関区より流れてきた連中である。改正前の東京機関区EF58のメンバーは、12・14・61・68・88・124・129・148の各号機。今まで手塩にかけてきたプロパー機を残さず、なぜ、よそ者を迎え入れたのであろうか。どうやら廃車の解体予算が関係したらしい。今回の改正では、浜松機関区で大量の廃車が出たことから静岡鉄道管理局は解体予算がオーバーぎみ、一方、東京南鉄道管理局はそれほどでもなかったゆえの措置といわれている。

さて、東京機関区と宮原機関区にEF58を少数、わざわざ残した理由である。それは当時、品川客車区と宮原客車区に6両1編成ずつ配置されていた81系和式客車のためであった。この客車は12系などと違い、暖房を自前では賄えず、牽引機関車からの蒸気または電気の供給を必要とした。結果、暖房使用期間中に東海道・山陽本線で同客

車の運用があれば、東京か宮原のEF58の出番とあいなった。ただ、それだけでは6両は暇をもてあまそう。ほかの臨時列車牽引もEF65 1000番台との共通運用が組まれていく。人気もあったことから、そこそこ扱き使われたようである。宮原機関区のEF58は3両とも常に使用できる状態だったが、東京機関区のEF58は必ずどれか1両に休車がかかり、常時使用は2両とされていた。

東海道・山陽本線での活躍がかろうじて残り、趣味人を喜ばせた東京と宮原のEF58なれど、それも束の間、わずか1年の命であった。昭和60（1985）年3月14日のダイヤ改正では、荷物列車の削減があり、下関運転所のEF62（暖房用MG付）の運用に余裕が生じた。東京機関区や宮原機関区で待機中の同機が、間合いで81系牽引の臨時仕業に充当可能となったのである。加えて、田端機関区（→田端運転所）配置の臨時用EF58（EG機）も東海道方面に進出しだす。つまり、東京機関区と宮原機関区のEF58（SG機）をとくに温存する必要もなくなり、61号機を除いた5両は運用を離脱する。

この第五幕では、東京機関区と宮原機関区のEF58残党6両の当該1年間の活躍ぶりを、やはり時系列で眺めていくことにしよう。なお、61号機は60年3月改正で新鶴見機関区に転属するが、引き続き東京機関区常駐で臨時列車の牽引に勤しむ。その活躍の様子も、お尻に1枚だけ添えておく。

図表14　東京機関区EF58の臨時運用（仕業）の一例

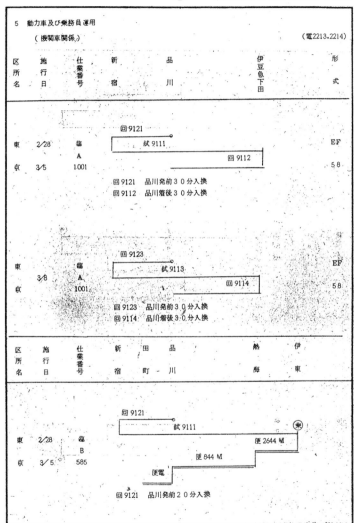

出典：『東京南鉄道管理局報（乙）号外』

昭和59（1984）年2月4日　9023列車：特急「踊り子55号」　EF58 93〔東〕＋南シナ14系座席車　東海道本線 根府川〜真鶴

昭和59（1984）年3月5日　8102列車　EF58 160〔東〕＋高タカ12系和式客車〈くつろぎ〉　東海道本線 真鶴〜根府川

昭和59（1984）年5月20日　9107列車　EF58 93〔東〕＋静ヌマ12系和式客車〈いこい〉　東海道本線 品川

昭和59 (1984) 年6月16日　9023列車：特急「踊り子55号」　EF58 160〔東〕＋南シナ14系座席車　東海道本線 大森〜蒲田

昭和59（1984）年7月8日　8116列車　EF58 127〔宮〕＋大ミハ81系和式客車・オハネフ12形寝台車　東海道本線 大森～大井町

昭和59（1984）年7月18日　回8104列車　EF58 160〔東〕＋南シナ14系欧風客車〈サロンエクスプレス東京〉　東海道本線 東京

昭和59（1984）年7月21日　8104列車　EF58 160〔東〕＋南シナ81系和式客車　東海道本線 横浜

160号機は人気者？

　昭和59（1984）年当時、品川駅に集う趣味人仲間（昼食はもちろん常盤軒の「品川丼」）は、宮原機関区の150号機が上京すると、「"イゴマル"が来た」と喜んだものだが、地元の東京機関区160号機に対しては"ゲロマル"などと呼んで、初めはずいぶんと蔑んでいた。機番の「1」を"イ"と読むか"ゲ"と読むかは、外観が綺麗か汚いかによる。関西の国鉄車両は全般的に、首都圏の車両よりも綺麗であった。もちろんEF58もそうで、宮原機関区、竜華機関区、米原機関区の配置機（いずれも鷹取工場の担当）は、顔のおヒゲもピカピカに輝いていた。一方、昭和59年2月改正で浜松機関区から東京機関区へやって来た160号機は、車体の肌荒れはひどく、ヒゲも赤錆、青錆だらけ。品川の趣味人いわく、"ゲロマル"である。

　浜松のEF58は、当区のハードな運用に荷物列車牽引がメインゆえのSG頻繁使用がたたってか、だいたいどれもヒゲは錆だらけだった。

　で、その160号機だが、一緒に浜松から流れてきた93号機（こちらは元々宮原の配置で、160号機ほど汚くはなかった）が59年秋に故障で運用離脱したため、東京機関区のEF58限定運用（SG使用）を単独でこなすはめとなる。同僚の61号機は、お召仕業を控えた臨時検査や全般検査などが重なり、さらにSG検査が行われなくなったので使用に制限があった。一人がんばる160号機の姿から、品川の趣味人らも同機に情が移っていったようだ。『太陽にほえろ！』の"マカロニ"や"スコッチ"じゃないけれども、みんな末期には、親しみをこめて"ゲロマル"と呼んでいた。

昭和59（1984）年7月27日　8110列車　EF58 150〔宮〕＋名ナコ12系和式客車　東海道本線 大森〜大井町

昭和59（1984）年7月31日　9911列車：急行「丹後ビーチ1号」　EF58 127〔宮〕＋12系　東海道本線 岸辺

昭和59 (1984) 年8月16日 単6314列車 EF58 160 (東) 東海道本線蒲田〜大森

昭和59（1984）年8月19日　9444列車（浜松機関区"きかんしゃ大集合"関連列車）　EF58 160〔東〕＋12系　東海道本線 焼津〜用宗

昭和59 (1984) 年8月25日　9433列車 (登呂やよい号)　EF58 93〔東〕＋14系座席車　東海道本線 由比～興津

昭和59（1984）年8月26日　回8348列車　EF58 61〔東〕＋高タカ12系和式客車〈くつろぎ〉　東海道本線 原〜沼津

昭和59（1984）年9月22日　9023列車：特急「踊り子55号」　EF58 150〔宮〕＋南シナ14系座席車　伊東線 来宮～伊豆多賀

昭和59 (1984) 年9月24日　9102列車　EF58 93〔東〕＋長ナノ12系和式客車〈白樺〉　東海道本線 蒲原

昭和59（1984）年９月25日　駅構内入換運転（お召列車前仕業）　EF58 61〔東〕　東海道本線 品川

昭和59（1984）年9月25日　回9101列車（お召列車前仕業）　EF58 61〔東〕＋南シナ御料車新1号編成　山手線 大崎

昭和59（1984）年９月25日　お召列車　EF58 61〔東〕＋南シナ御料車新１号編成　東北本線 東鷲宮〜栗橋

昭和59（1984）年10月19日　回9106列車　EF58 93〔東〕＋南シナ81系和式客車　東海道本線 品川

昭和59（1984）年11月3日　9712列車　EF58 160〔東〕＋南シナ81系和式客車　東海道本線 根府川〜早川

昭和59（1984）年11月4日　9021列車：特急「踊り子51号」　EF58 61〔東〕＋南シナ14系座席車　伊豆急行線 伊豆高原～伊豆大川

昭和59（1984）年11月4日　回9024列車（「踊り子58号」回送）　EF58 61〔東〕＋南シナ14系座席車　東海道本線 東京

昭和59 (1984) 年11月10日　8102列車　EF58 160〔東〕＋南シナ81系和式客車　東海道本線 根府川～早川

昭和59(1984)年11月12日　8104列車　EF58 160〔東〕＋南シナ14系欧風客車〈サロンエクスプレス東京〉　東海道本線 東京

昭和59（1984）年11月17日　9503列車　EF58 160〔東〕＋南シナ14系欧風客車〈サロンエクスプレス東京〉　伊豆急行線 川奈〜富戸

昭和59（1984）年12月2日　9444列車（EF58中央線初乗りの旅）　EF58 61〔東〕＋北オク12系　中央本線 塩山〜勝沼（現・勝沼ぶどう郷）

昭和59（1984）年12月13日　9106列車　EF58 61〔東〕＋南シナ14系欧風客車〈サロンエクスプレス東京〉　東海道本線 近江長岡～柏原

昭和60(1985)年1月26日　9032列車：特急「サロンエクスプレス踊り子」　EF58 61〔東〕＋南シナ14系欧風客車〈サロンエクスプレス東京〉　伊豆急行線 稲梓～河津

昭和60（1985）年1月31日　試6962列車　EF58 160〔東〕＋南シナ マニ36・オハネ25形寝台車　東海道本線（貨物支線）新鶴見（信）

昭和60（1985）年２月17日　9444列車　EF58 126〔宮〕＋金サワ12系和式客車　東海道本線 横浜〜東神奈川

昭和60（1985）年2月23日　試6961列車　EF58 61〔東〕＋南シナ マニ36・14系寝台車　東海道本線 東神奈川〜横浜

昭和60（1985）年2月24日　駅構内入換運転　EF58 61〔東〕＋天リウ12系〈サイエンストレイン エキスポ号〉　東海道本線 保土ケ谷

昭和60（1985）年3月3日　9841列車（さよなら20系銀河号）　EF58 160〔東〕＋大ミハ20系寝台車　東海道本線 鴨宮

昭和60（1985）年3月5日　試9111列車（お召訓練）　EF58 160〔東〕＋南シナ マニ36・北オク マニ36　伊豆急行線 蓮台寺〜伊豆急下田

昭和60（1985）年3月9日　8301列車　EF58 127〔宮〕＋大ミハ81系和式客車　山陽本線 上郡～三石

昭和60 (1985) 年3月9日　回9203列車 (転属回送)　EF58 126 〔宮〕＋オハ50・マニ44　山陽本線 岡山

昭和60 (1985) 年3月9日　単9694列車　EF58 126〔宮〕　宇野線 八浜

昭和60 (1985) 年 3 月12日　お召列車　EF58 61〔東〕＋南シナ御料車新 1 号編成　伊豆急行線 南伊東〜川奈

昭和60（1985）年 3 月12日　回8107列車（転属回送）　EF58 126〔宮〕＋14系寝台車　東海道本線 富士

昭和60(1985)年8月14日　9023列車：特急「サロンエクスプレス踊り子」　EF58 61〔新〕＋南シナ14系欧風客車
〈サロンエクスプレス東京〉　伊豆急行線 片瀬白田〜伊豆稲取

昭和60（1985）年6月16日　924列車　EF58 66〔竜〕＋天リウ12系　紀勢本線 紀伊田辺

最後の定期仕業、竜華機関区のEF58

宇都宮運転所のEF58が定期仕業を失った昭和60（1985）年3月14日ダイヤ改正以降、同機の定期仕業は竜華機関区のみとなる。運用区間は阪和線天王寺〜和歌山間、紀勢本線和歌山〜新宮間、（単機回送で）関西本線竜華（操）〜天王寺間である。紀勢本線は海あり山あり風光絶佳の路線。EF58にとっては、まさに最後の楽園であった。

竜華機関区に初めてEF58の定期仕業が生まれたのは、昭和47（1972）年10月2日ダイヤ改正時のこと。阪和線に1往復残った客車の夜行普通923・924列車（紀勢本線直通）の暖房車連結廃止を目論んだ措置であった（暖房車は石炭炊きボイラーを搭載した事業用車）。ただ、EF58の同区配置機第一陣となる24号機と28号機が浜松機関区から転属してくるのは翌年で、それまではつなぎに宮原機関区から2両のEF58を借り入れて対処した。昭和49（1974）年暮れには下関運転所から39号機と66号機が、昭和50年3月改正では広島機関区から21号機と22号機が竜華機関区に転入する。

36頁に昭和50年3月改正時の竜華機関区EF58の運用（仕業）を載せている。当時は運用区間が天王寺〜和歌山〜和歌山間（註：「和歌山操」は駅名）と竜華（操）〜杉本町間に限られ、旅客列車の牽引も、天王寺〜和歌山間における夜行普通921・924列車「南紀」と土曜運転の急行8106列車「きのくに6号」だけ。竜華（操）〜和歌山操間での貨物列車牽引、および東貝塚〜和歌山操間の貨物列車補機（雄ノ山越えに備えた対応）が主だった仕事である。そんなEF58が本領を発揮するのは、昭和53（1978）年10月2日の全国ダイヤ改正である。紀勢本線新宮電化開業により運用区間が天王寺〜新宮間に拡大され、牽引列車も旅客列車が中心を成す。メンバーも若番機の廃車に伴い、宮原機関区から

代替機が続々と転属してきた。

竜華のEF58が趣味人の注目を集めるのは、やはり昭和59（1984）年春以降であろう。東海道・山陽本線でのEF58定期仕業消滅後は、どうしても“東の宇都宮、西の竜華”といった具合になる。昭和59年2月改正時の竜華のEF58は、39・42・66・99・139・147・149・170号機の8両。これに5月8日付で44号機が加わって（EF62の代走終了後に下関運転所から転属）、同年夏に運用を開始。引き換えに149号機が離脱する。前面窓は66号機が原型大窓、139号機が原型小窓である以外、すべてHゴム支持。39号機と66号機には「つらら切り」が付く。全車SG機だが、同改正で紀勢本線電化区間の普通列車は12系化されたため、81系和式客車でも来ないかぎり使用しない。

昭和59年2月1日改正時の竜華機関区EF58の運用（仕業）は図表15のとおり。なお、この時点では竜華のEF58は全機、前照灯シールドビーム2灯化を終えていた。元来、趣味人が嫌う改造であるが、もはや贅沢は言っていられない。関東の趣味人とても「南近畿ワイド周遊券」や「青春18きっぷ」を手に、南紀詣でを繰り返すありさまであった。

もちろん件の品川の趣味人仲間も、夏休みなどは大挙して南紀をめざした。白浜や周参見ほかの沿線での朝釣り客の利用から“太公望列車”とも呼ばれた新宮夜行924列車は、天王寺駅の9番線（阪和線普通電車降車ホーム）から発車する。23時発だが21時ぐらいから、ホームにはもう乗車を待つ人の座り込みの列が出来ていた。大阪弁に交じって江戸弁が飛び交うのは茶飯事であった。

宇都宮勢が落ちた昭和60年3月改正では、和歌山〜新宮間の客車普通列車が1往復なくなり、EF58も仕業数が減る（図表16）。が、そのぶん余裕が生じ、多客時には臨時急行の「きのくに」「お座敷きのくに」や、臨

時夜行普通「いそつり」なども牽いた。

第六幕では、昭和59〜60年ごろの竜華のEF58の活躍ぶりを見ていくことにしよう。“風光絶佳”の紀勢本線ゆえ、時系列ではなく天王寺から新宮へと旅をするようにたどりたい。

図表15 昭和59年2月改正時の竜華機関区EF58運用（仕業）表

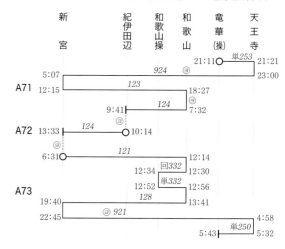

図表16 昭和60年3月改正時の竜華機関区EF58運用（仕業）表

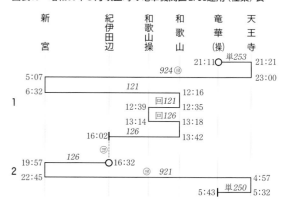

昭和59（1984）年6月2日　921列車　EF58 99〔竜〕＋天リウ12系・マニ50　関西本線 天王寺（阪和線ホーム）

昭和60（1985）年7月27日　9301列車：急行「きのくに51号」　EF58 139〔竜〕＋岡オカ14系座席車　阪和線 新家〜長滝

昭和59（1984）年7月29日　9104列車：急行「きのくに54号」　EF58 147〔竜〕＋天リウ12系　阪和線 山中渓～紀伊

昭和60 (1985) 年4月29日　9301列車：急行「きのくに51号」　EF58 44〔竜〕＋天リウ12系　阪和線 紀伊～山中渓

昭和59（1984）年7月28日　9302列車：急行「お座敷きのくに」　EF58 149〔竜〕＋天リウ12系和式客車　阪和線 六十谷〜紀伊中ノ島

昭和59（1984）年7月28日　回332列車　EF58 147〔竜〕＋天リウ マニ50　紀勢本線 和歌山

昭和60（1985）年1月1日　121列車　EF58 42〔竜〕＋天リウ12系・マニ50　紀勢本線 加茂郷〜冷水浦

昭和59（1984）年6月2日　128列車　EF58 170（竜）＋天リウマニ50・12系　紀勢本線 冷水浦〜加茂郷

昭和60（1984）年8月11日　9307列車：急行「お座敷きのくに」　EF58 44〔竜〕＋天リウ12系和式客車　紀勢本線 道成寺〜御坊

昭和59 (1984) 年 7 月 30 日　123列車　EF58 66〔竜〕＋天リウ12系・マニ50　紀勢本線 岩代〜切目

昭和59 (1984) 年 5 月 3 日　128列車　EF58 99〔竜〕＋天リウ マニ50・12系　紀勢本線 岩代～南部

昭和59 (1984) 年 5 月 3 日　121列車　EF58 99〔竜〕＋天リウ12系・マニ50　紀勢本線 南部〜岩代

昭和60（1985）年1月3日　駅構内入換運転（124列車機関車交換）　EF58 39〔竜〕　紀勢本線 紀伊田辺

昭和60（1985）年7月28日　8102列車：急行「きのくに54号」　EF58 66〔竜〕＋岡オカ14系座席車　紀勢本線 白浜

昭和60（1985）年6月15日　9121列車　EF58 39〔竜〕＋長ナノ12系和式客車〈白樺〉　紀勢本線 紀伊日置

昭和59（1984）年8月2日　9307列車　急行「お座敷きのくに」　EF58 44〔竜〕＋天リウ12系和式客車　紀勢本線 周参見〜紀伊日置

昭和59（1984）年6月1日　128列車　EF58 99〔竜〕＋天リウ マ二50・12系　紀勢本線 紀伊日置～周参見

昭和59（1984）年8月1日　128列車　EF58 139〔竜〕＋天リウ マニ50・12系　紀勢本線 紀伊日置〜周参見

昭和60（1985）年6月15日　回9124列車　EF58 39〔竜〕＋長ナノ12系和式客車〈白樺〉　紀勢本線 紀伊日置〜周参見

昭和59 (1984) 年8月1日　124列車　DF50 66 (美) +天リ ウ マニ50・12系　紀勢本線 双子山 (信)〜見老津

昭和59（1984）年５月２日　128列車　EF58 42〔竜〕＋天リウ マニ50・12系　紀勢本線 双子山（信）〜見老津

昭和59（1984）年5月2日　121列車　EF58 42〔竜〕＋天リウ12系・マニ50　紀勢本線 紀伊田原〜古座

昭和59（1984）年5月5日　列車番号不明（91??列車）　EF58 147〔竜〕＋天リウ12系和式客車　紀勢本線 紀伊田原～古座

昭和59（1984）年5月5日　124列車　EF58 66〔竜〕＋天リウ マニ50・12系　紀勢本線 古座〜紀伊田原

昭和59（1984）年 5 月 2 日　124列車　EF58 99〔竜〕＋天リウ マニ50・12系　紀勢本線 古座〜紀伊田原

昭和59（1984）年 5 月 4 日　列車番号不明（91??列車）　EF58 147〔竜〕＋天リウ12系和式客車　紀勢本線 古座～紀伊田原

昭和59 (1984) 年5月2日　123列車　EF58 149〔竜〕＋天リウ12系・マニ50　紀勢本線 紀伊田原〜古座

昭和60（1985）年1月3日　123列車　EF58 99〔竜〕＋天リウ12系・マニ50　紀勢本線 紀伊浦神〜紀伊田原

昭和60（1985）年1月2日　124列車　EF58 66〔竜〕＋天リウ マニ50・12系　紀勢本線 紀伊浦神～下里

昭和60 (1985) 年6月16日　9105列車　EF58 44〔竜〕＋大ミハ14系欧風客車〈サロンカーなにわ〉　紀勢本線 下里～紀伊浦神

昭和60（1985）年7月28日　924列車　EF58 147〔竜〕＋天リウ12系　紀勢本線 新宮

その後のEF58

　新宮にたどり着いたところで、その後のEF58について一席。最後の定期仕業を担った竜華機関区のEF58も、昭和61（1986）年3月3日のダイヤ改正でついに引導が渡される。阪和線・紀勢本線の旅客列車牽引仕業をEF60 500番台に託し、EF58は全機が運用を離脱し

た。後継機がけっこう高齢なEF60というあたり、天王寺鉄道管理局の乙な点か。

　この時点でのEF58稼動機は、新鶴見機関区の61号機、田端運転所の89号機、122号機、141号機の4両だが、既述のとおり122号機と141号機は程なく運用からはずれる（141号機は廃車、122号機は秋口に静岡運転所へ行った）。昭和61年11月1日の改正で、61号機は田端運転所に転

属する（東京運転区常駐）。翌62年3月には、150号機が車籍復活して（梅小路運転区配置、大阪機関区宮原派出所常駐）、国鉄最後の日、昭和62年3月31日を迎えるという歴史である。このあたりの流れは、拙著『EF58 国鉄最末期のモノクロ風景』（創元社刊）に詳しく書いた。

昭和53（1978）年1月1日　駅構内入換運転　EF58 9〔広〕　山陽本線 下関

参考文献

『EF58ものがたり（上・下）』鉄道ファン編集部編、交友社、1988年

『電気機関車 快走』GROUP BLUE TRAINS'編、交友社、1975年

『鉄道ファン』No. 174（1975年10月号）交友社、1975年

『鉄道ファン』No. 175（1975年11月号）交友社、1975年

『鉄道ファン』No. 220（1979年8月号）交友社、1979年

『鉄道ファン』No. 241（1981年5月号）交友社、1981年

『鉄道ファン』No. 275（1984年3月号）交友社、1984年

『鉄道ファン』No. 277（1984年5月号）交友社、1984年

『鉄道ファン』No. 279（1984年7月号）交友社、1984年

『鉄道ダイヤ情報』No. 22（1984年春号）弘済出版社、1984年

『鉄道ダイヤ情報』No. 26（1985年春号）弘済出版社、1985年

『鉄道ピクトリアル』No. 428（1984年2月号）』電気車研究会・鉄道図書刊行会、1984年

『［図説］夜行列車・ブルートレイン パーフェクトガイド』学習研究社、2005年

『jtrain』Vol. 77、イカロス出版、2020年

『国鉄監修 交通公社の時刻表』（1974年12月号）日本交通公社、1974年

『国鉄監修 交通公社の時刻表』（1975年3月号）日本交通公社、1975年

『国鉄監修 交通公社の時刻表』（1978年10月号）日本交通公社、1978年

『国鉄監修 交通公社の時刻表』（1980年10月号）日本交通公社、1980年

『国鉄監修 交通公社の時刻表』（1982年11月号）日本交通公社、1982年

『国鉄監修 交通公社の時刻表』（1984年2月号）日本交通公社、1984年

著者紹介

所澤秀樹（しょざわ・ひでき）

交通史・文化研究家。旅行作家。1960年東京都生まれ。日本工業大学卒業。神戸市在住。

著書：『「快速」と「準急」はどっちが早い？』『鉄道フリーきっぷ 達人の旅ワザ』『日本の鉄道 乗り換え・乗り継ぎの達人』『鉄道会社はややこしい』［第38回交通図書賞受賞］『鉄道地図は謎だらけ』（以上、光文社）、『時刻表タイムトラベル』『鉄道地図 残念な歴史』（以上、ちくま書房）、『鉄道手帳』『鉄道の基礎知識［増補改訂版］』『国鉄の基礎知識』『東京の地下鉄相互直通ガイド』『EF58 国鉄最末期のモノクロ風景』『飯田線のEF58』（以上、創元社）など多数

EF58 昭和50年代の情景

2022年7月20日　第1版第1刷発行

著　者　所澤秀樹

発行者　矢部敬一

発行所　株式会社 創元社
　　　　https://www.sogensha.co.jp/
　　　　本　　社 〒541-0047 大阪市中央区淡路町4-3-6
　　　　　　　　　Tel.06-6231-9010(代)　Fax.06-6233-3111
　　　　東京支店 〒101-0051 東京都千代田区神田神保町1-2 田辺ビル
　　　　　　　　　Tel.03-6811-0662(代)

印刷所　図書印刷株式会社

装　丁　濱崎実幸

EF58 国鉄最末期のモノクロ風景

所澤秀樹著　昭和60年3月14日のダイヤ改正から62年3月31日国鉄最後の日までの記録写真を厳選収録。同時代の国鉄列車の姿も織り交ぜつつ、国鉄最末期の花形電気機関車の勇姿を辿る。　　　　　　　　　Ｂ５判・196頁　2,500円

飯田線のEF58

所澤秀樹著　全長195.7km。豊橋から辰野まで天竜川に沿って峻険な山間部を縫うように進む飯田線。この興趣に富んだ路線をゴハチが駆け抜けた時代があった。著者蔵出し写真360点を収録。　　　　　　　　　Ａ５判・192頁　2,400円

鉄道の基礎知識［増補改訂版］

所澤秀樹著　車両、列車、ダイヤ、駅、きっぷ、乗務員、運転のしかた、信号・標識の読み方など、鉄道に関するあらゆるテーマを平易かつ蘊蓄たっぷりに解説した鉄道基本図書の決定版！　　　　　　　　　Ａ５判・624頁　2,800円

全国駅名事典

星野真太郎著／前里孝監修　国内すべての路線・停車場（駅、信号場、操車場）を網羅、最新動向を反映した待望の駅名レファレンスブック。巻頭カラー全国鉄道軌道路線図、巻末資料付き。　　　　　　　　Ａ５判・568頁　3,600円

東京の地下鉄相互直通ガイド

所澤秀樹、来住憲司著　車両の運用や運行番号のしくみ、直通運転使用車両、事業者間の取り決め、直通運転に至る経緯などなど、世界一複雑かつ精緻な東京の相互直通運転の実態を徹底解説。　　　　　　　Ａ５判・184頁　2,000円

関東の鉄道車両図鑑①

来住憲司著　いま関東で見られる現役車両の全タイプを収録。各車両の性能諸元や識別ポイントを解説。第1巻では、JR／群馬・栃木・茨城・埼玉・千葉・神奈川および伊豆の中小私鉄を紹介。　　　　四六判・288頁　2,000円

関東の鉄道車両図鑑②

来住憲司著　いま関東で見られる現役車両の全タイプを収録。各車両の性能諸元や識別ポイントを解説。第2巻では、大手私鉄9社と東京都内の中小私鉄・公営鉄道ほか26社局を収録。　　　　　　　　四六判・256頁　2,000円

関西の鉄道車両図鑑

来住憲司著　いま関西で見られる、現役車両のほぼ全形式を収録した車両図鑑。各車両の性能諸元、車両を識別するための外観的特徴やポイントを簡潔に解説。オールカラー。　　　　　　　　四六判・368頁　2,200円

見る鉄のススメ 関西の鉄道名所ガイド

来住憲司著　鉄道好きなら訪ねておきたい、その場所ならではの鉄道シーンが堪能できる優良スポットを厳選。ビギナー向けから穴場まで、関西の鉄道のハイライトを蘊蓄たっぷりに紹介。　　　　　Ａ５判・136頁　1,500円

近鉄中興の祖 佐伯勇の生涯

神崎宣武著　名阪直通特急の実現をはじめ、近畿日本ツーリスト創立、観光地開発など戦後近鉄の発展の礎を築き、黄金時代を創出した稀代の名経営者の劇的な生涯をたどる。　　　　　　　　四六判上製・304頁　2,400円

鉄道快適化物語

小島英俊著　安全性やスピードの向上から、乗り心地の改善、車内設備の進化、果ては憧れの豪華列車まで、日本の鉄道の快適化向上のあゆみを辿る。第44回交通図書賞［一般部門］受賞。　　　　　四六判・272頁　1,700円

えきたの

伊藤博康著　建築美を誇る駅、地域の特徴を押し出した駅、絶景が堪能できる駅、果てはいまは訪れることのできない旧駅などなど、鉄道ファンならずとも見に行きたくなる駅の数々。　　　　　　　　　Ａ５判・188頁　1,700円

京都鉄道博物館ガイド

来住憲司著　SLから新幹線まで53両を擁し、日本屈指の規模を誇る「京都鉄道博物館」をまるごと解説。車両の諸元・経歴や展示物の見所を紹介しつつ、日本の鉄道発達史を振り返る。　　　　　　　　Ａ５判・168頁　1,200円

鉄道の誕生

湯沢威著　比較経営史の第一人者による鉄道草創期の本格的通史。イギリスで鉄道が誕生するまでの経緯と近代世界へのインパクトを多角的に考察。第40回交通図書賞［歴史部門］受賞。　　　　　四六判・304頁　2,200円

行商列車

山本志乃著　近鉄「鮮魚列車」の行商に同行取材を敢行。行商の実態と歴史、行商が育んできた食文化を明らかにする。唯一無二の行商探訪記。第42回交通図書賞［歴史部門］受賞。　　　　　　　　四六判・256頁　1,800円

＊価格には消費税は含まれていません。